微生物学实验指导

麻彩萍 ◎ 主编

清华大学出版社
北京

内 容 简 介

编者根据多年来的实验课教学经验,编写了适合现代微生物实验教学特点的《微生物学实验指导》。本书包含三个不同层次的实验——7 个基础型实验、1 个设计型实验、3 个综合型实验,涉及显微镜下的微生物、微生物生长与代谢、微生物的分离纯化与鉴定、口腔微生物群落多样性研究、发酵工程五个模块内容。对实验难度较大的综合实验,配套了 4 个微课短视频,以方便同学学习。本书可供高等院校生命科学与技术相关专业本科生使用,也可供从事微生物学实验教学和科研工作的人员参考。

图书在版编目(CIP)数据

微生物学实验指导/麻彩萍主编 . —北京:清华大学出版社,2023.11
ISBN 978-7-302-64464-4

Ⅰ.①微… Ⅱ.①麻… Ⅲ.①微生物学－实验－高等学校－教学参考资料 Ⅳ.①Q93-33

中国国家版本馆 CIP 数据核字(2023)第 153794 号

责任编辑:罗 健
封面设计:刘艳芝
责任校对:李建庄
责任印制:曹婉颖

出版发行:清华大学出版社
      网 址: https://www.tup.com.cn,https://www.wqxuetang.com
      地 址: 北京清华大学学研大厦 A 座   邮 编: 100084
      社 总 机: 010-83470000   邮 购: 010-62786544
      投稿与读者服务: 010-62776969,c-service@tup.tsinghua.edu.cn
      质量反馈: 010-62772015,zhiliang@tup.tsinghua.edu.cn
印 装 者: 北京同文印刷有限责任公司
经 销: 全国新华书店
开 本: 185mm×260mm   印 张: 7.25   彩 插: 2   字 数: 200 千字
版 次: 2023 年 11 月第 1 版   印 次: 2023 年 11 月第 1 次印刷
定 价: 39.80 元

产品编号: 096753-01

编委会名单

主　编　麻彩萍

编　者　麻彩萍　王　欢

　　　　张　旭　刘阳嘉

　　　　陈金春

前　言

　　微生物学是生命科学的重要基础学科，同时也是应用最为广泛的生命科学分支学科，其发展离不开极具自身特点的实验技术。回顾近三百年的微生物学发展史，微生物实验技术和方法的不断完善和突破可谓与学科发展相得益彰，相互促进。随着现代生命科学和技术的快速进步，微生物实验技术获得了极大的发展，在分子生物学、病毒学、合成生物学、生物医药工程等学科中发挥了越来越重要的作用。

　　编写本书的初衷缘于笔者开设的微生物学基础实验课程的教学改革。该课程是为清华大学生命科学学院、化学系、协和医学院等生物相关学科学生开设的专业限选课，是生物科学的基础专业课。在清华大学"三位一体"（价值塑造、能力培养、知识传授）的教学理念指导下，秉承分层教学、提升课程挑战度、多维度科学训练的教学设计理念，笔者对该课程进行了全面深入的改革，在完成基础知识传授和基础实验技能培训的同时，兼顾学科前沿技术和先进实验装备应用，例如将清华大学具有自主知识产权的达到国际先进水平的实验装备引入实验教学中，实现产学研融合互促。同时在基础实验课教学中加入小组讨论的方式，以完成创新型自主设计实验，给不同专业基础和学习诉求的学生以灵活自主、多样化、梯度化的科研体验，契合党的二十大提出的全面提高人才自主培养质量，着力造就拔尖创新人才的科教兴国战略。

　　清华大学生命科学学院为大学三年级学生开设的生物学综合实验课程"生物化学与分子生物学综合实验"中包含的"发酵工程综合实验"是本学院开设课程中唯一的生物工程实验，其教学内容相对独立且繁杂，教学设备相对陌生又复杂，学生学习难度较大。本教材含有该部分内容，并配套相应的操作视频。

　　本书可供高校生物医药相关专业的本科生使用，也可供从事微生物实验教学的教师和科研工作的人员参考，内容覆盖基础型实验、设计型实验、综合型实验，涉及微生物学科的各个分支。同时本教材含有彩色实验图片、教学微课视频，以多种方式帮助学生更好地理解教学内容，掌握微生物学实验技术。

　　除了培养学生基础实验技能及其综合科研思维外，希望本教材能激起学生对微生物学无限的兴趣和探索欲。正如微生物学奠基人——法国科学家路易斯·巴斯德所说："我恳求你，在这些神圣的被称为实验室的建筑里，保持盎然的兴趣。要培养兴趣，让你的兴趣日益扩增。实验室就是人类祈求美好未来的圣殿，在这里，人类知识再次成长、成熟。"

　　多位教师和助教在教学实践中对实验方法和教学内容提出过许多宝贵的意见和建议，他们也参与了本教材部分内容的编写工作。感谢王欢、张旭、刘阳嘉在综合型实验部分所做的工作，感谢王欢在整个教材的校稿工作中提供的帮助。由于我们水平有限，时间仓促，教材中可能会有不妥之处，希望各位同仁批评指正，我们将不胜感激！

目 录

第1章
普通光学显微镜的结构和基本原理

显微镜的种类很多，在实验室中常用的有普通光学显微镜、暗视野显微镜、相差显微镜、荧光显微镜和电子显微镜等，电子显微镜简称电镜，包括透射电镜、扫描电镜、冷冻电镜等，但在微生物检验和研究中最常用的还是普通光学显微镜。

第1节　普通光学显微镜的结构和基本原理简介

普通光学显微镜由光学系统和机械系统两部分组成。光学系统一般包括目镜、物镜、聚光器、孔径光阑、光源等；机械系统一般包括镜筒、物镜转换器、载物台、镜臂和底座等（图 1.1）。

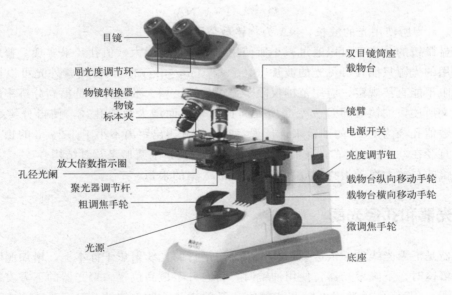

目镜

屈光度调节环

物镜转换器
物镜
标本夹

放大倍数指示圈
孔径光阑
聚光器调节杆
粗调焦手轮

光源

双目镜筒座
载物台

镜臂
电源开关
亮度调节钮
载物台纵向移动手轮
载物台横向移动手轮

微调焦手轮

底座

图 1.1　普通光学显微镜的结构

一、目镜

目镜的功能是把经物镜放大的物相再次放大，其上标有 10×、16× 等放大倍数记号。

目镜内的光阑称作视野光阑，标本会在光阑面上成像。目镜只起放大作用，不能提高分辨率。

二、物镜

物镜是显微镜中最重要的光学放大元件，直接影响显微镜的分辨能力。有低倍物镜（4×、10×、20×）、高倍物镜（40×、65×）和油镜（90×、100×）等不同的放大倍数物镜。物镜上标注有机械筒长、盖玻片厚度、放大倍数、数值孔径（numerical aperture，NA）及工作距离（物镜下端至盖玻片之间的距离，work distance，WD）等参数。其中，数值孔径是标本与物镜之间介质的折射率与1/2开口角（也称镜口角）正弦的乘积（式1.1）。

$$NA = n \cdot \sin\theta \qquad 式1.1$$

其中，n 为介质折射率，$\theta = \alpha/2$，α 为最大开口角，即物镜前面的发光点进入物镜的角度。

当介质为空气时，$n=1$，θ 最大值为 90°（实际上不可能达到 90°），所以此时物镜数值孔径均小于1。使用油镜时，介质为香柏油，$n=1.515$，与玻璃折射率（$n=1.52$）相似，光线可以不发生折射而直接通过载玻片、香柏油进入物镜，使进入镜头的光线增加，可增加照明亮度和增大数值孔径。在目前技术条件下，NA 可达 1.4。

评价显微镜性能的优劣还有一个重要的指标是其分辨率的大小。分辨率是指显微镜工作时能够辨别出两个物点的最小距离的能力，分辨距离（D）越小，其分辨率就越高。分辨率是由所用光的波长和物镜数值孔径决定的（式1.2）。

$$D = 0.61 \times \lambda/NA \qquad 式1.2$$

其中，λ 为所使用光的波长，NA 为物镜数值孔径。

提高显微镜的分辨率可以通过减小所使用光的波长或增大数值孔径来实现。普通光学显微镜所使用的光源只能在可见光的波长（400～770 nm）范围内，使用紫外光可以提高分辨率，但肉眼不能直接观察，应用范围仅限于显微拍摄。增大数值孔径是提高分辨率的理想措施。如前文所述，油镜可通过改变介质提高折射率从而增大数值孔径，使得分辨率显著提高。当用数值孔径为 1.25 的油镜来进行观察时，能分辨出距离不小于 0.2 μm 的物点，而多数细菌的直径在 0.5 μm 左右，故而可以通过油镜来观察细菌形态及其结构。

显微镜的总放大率是指物镜放大率和目镜放大率的乘积。

三、聚光器和孔径光阑

聚光器是汇聚光线的一组透镜，其作用是把平行的光线聚焦于标本上，增加照明度。一般使用低倍镜时，下降聚光器，使用油镜时，将它升至最高位置。聚光器的下方安装有可变光阑（光圈），调节孔径光阑可以调节数值孔径的大小，改变光强度，使之与物镜相匹配，获得分辨率与对比度均适合的观察视野。在观察较透明标本时，光圈宜适当缩小些，虽降低了分辨率，但增强了对比度，从而使较透明的标本看得更为清晰。

第2节　普通显微镜的使用方法

一、使用前准备

　　（1）放置显微镜：使用显微镜时需轻拿轻放，一手握镜臂一手托底座或双手握镜臂，将它抬离桌面，轻轻放置在适合观察的位置，期间保持机身水平。

　　（2）开机及调节光亮度：打开电源开关（将开关拨至"1"侧），旋转亮度调节钮，调至适合的视野亮度。

　　（3）调节聚光器：拨动聚光器手柄使其达到最高位置，然后慢慢降低聚光器位置直至视野背景中光度均匀，漫散射图像消失（图1.2）。

a　　　　　　　　　　　　　　b

图1.2　聚光器调节

a 聚光器高位；b 聚光器低位

　　（4）安放标本：将玻片标本正置于载物台上，拨开标本夹使得玻片标本右上角顶住标本夹右上角，松开标本夹使其固定住标本。玻片标本需完全水平放置在载物台上。调节载物台横向及纵向移动手轮，使标本正对光路。

二、低倍镜观察

　　低倍镜视野范围大，工作距离长，容易发现观察目标，确定观察部位。因此，显微观察从低倍镜开始。

　　（1）调节物镜：旋转物镜转换器，当物镜准确移入光路时会听到定格声。由于微生物个体较小，通常用10×物镜开始观察微生物。

　　（2）调节孔径光阑：拨动孔径光阑调节杆，使之位于与物镜放大倍数相匹配的位置，此时可以在镜下观察到有足够对比度的高质量物像（如果孔径光阑的标注为数字，则根据物镜上标注的数值孔径×0.7的值，调节孔径光阑至适合的开度）（图1.3）。

图 1.3　孔径光阑调节（以 40× 物镜为例）

a 孔径光阑调节杆位置；b 不同放大倍数的物镜对应的孔径光阑位置示意

（3）调节焦距：转动粗调焦手轮，将载物台调至最高处。透过目镜观察视野，调节粗调焦手轮，使载物台缓慢下降，调节载物台移动手轮，寻找玻片标本的物像。找到物像后调节微调焦手轮，直到观察到清晰物像为止。如有必要，重复以上步骤。

（4）调节瞳距：观察标本时，通过上下搬动两个目镜的镜筒来调节两目镜间距，使左、右目镜中的图像合二为一。此时目镜的间距是适合实验者瞳距的。

三、高倍镜观察

高倍镜视野范围比低倍镜的小，工作距离短，使用高倍镜观察前，应先用低倍镜对焦，观察到清晰玻片标本物像后，切勿下降载物台。

（1）调节物镜：用低倍物镜找到标本并调节清晰后，将欲放大的观察部位调至视野中央。旋转物镜转换器，将高倍镜置于光路。

（2）调节焦距：慢慢旋转微调焦手轮调节焦距，直到物像清晰为止。此时可用限位手轮固定此位置。

（3）调节孔径光阑：从低倍镜换到高倍镜观察时，由于高倍镜数值孔径变大，需拨动孔径光阑调节杆使之与物镜匹配。同时，可调节亮度调节钮增大光亮度。

（4）调节聚光器：若用 40× 物镜进行细胞计数时，为同时看清晰细胞与计数室刻度，适当下调聚光器位置亦可弥补景深不足，达到最佳观察效果。

（5）调节视度：如观察者双眼具有视力差，用高倍镜观察时会出现双眼成像不在同一焦平面、物像模糊的情况，此时可用屈光度调节环调节视度。先旋转屈光度调节环，使其下端面与刻线（沟槽）对齐，此时是零视度位置；用一侧眼观察同侧目镜中的物像，使之在 40× 物镜准确聚焦至物像清晰；再以另一侧眼观察其同侧目镜，旋转屈光度调节环，直至该侧目镜观察物像清晰、双目同焦为止（图 1.4）。如有必要，可重复上述步骤。

图 1.4 视度调节
a. 零视度；b. 旋转屈光度调节环调节视度

四、油镜观察

油镜的工作介质是香柏油，工作距离很小［某显微镜 $100\times$ 油镜的工作距离（WD）为 $0.14\,mm$］，使用时要防止载玻片和物镜上的透镜损坏。使用时，物镜的顺序一般是低倍镜、高倍镜再到油镜。

（1）物镜调节：从低倍镜至高倍镜观察玻片标本并聚焦后，将欲放大进一步观察的部位调至视野中心；旋转物镜转换器将高倍镜移出光路，从侧面在盖玻片上滴加一滴镜油；再转动物镜转换器，使油镜对准光路。

（2）调节孔径光阑：拨动孔径光阑调节杆使之与物镜匹配。同时，可调节亮度调节钮增大光亮度。

（3）调节聚光器：拨动聚光器调节杆，将聚光器调至最高位置。

（4）调节焦距：一边从目镜观察，一边慢慢旋转微调焦手轮调节焦距，直到物像清晰为止。如观察不到清晰的物像，有可能是在调焦时过快地旋转调焦手轮，因油镜成像景深小而使得眼睛无法捕捉一闪而过的物像。

五、清洁与复位

（1）清洁油镜：先用擦镜纸擦去油镜上的香柏油，再用滴加了擦镜液（乙醚∶乙醇＝7∶3，亦可根据空气干燥程度调整为 6∶4）的擦镜纸擦油镜 2～3 次，最后再次用干净的擦镜纸擦拭油镜，直至擦镜纸上没有油污。使用擦镜纸擦拭镜头时应打圈擦拭或顺同一方向擦拭。

（2）清洁其他镜头：如果需要，用擦镜纸及擦镜液清洁其他物镜和目镜。

（3）复位：低倍镜正对光路（或物镜转成"八"字式），载物台降至最低，取下玻片标本，目镜间距调至最小，屈光度调节环调至零视度，聚光器升至最高，孔径光阑调至最小，光源亮度调至最低,关闭光源,罩上防尘罩。

第3节　普通显微镜的保养

　　显微镜是精密贵重的光学仪器,正确使用、维护和保养,可保证其良好性能,同时延长其使用寿命。

　　(1) 显微镜应存放于通风干燥、少灰尘、不暴晒的地方。避免与酸、碱或其他易挥发具有腐蚀性的化学物品、仪器一起存放。不使用时罩上防尘罩或放入显微镜柜。

　　(2) 小心搬运,取出时需一手提镜臂,一手托镜座,严禁单手提镜,勿使镜体倾斜,防止目镜从镜筒中滑出或碰撞显微镜。

　　(3) 调节粗调焦手轮将载物台向上调节时,须从侧面观察,以防损坏物镜。观察标本时,须按照低倍镜到高倍镜再到油镜的顺序进行,以防调焦不当损坏物镜。

　　(4) 一般情况下观察标本均要加盖盖玻片,切忌水、酒精或其他药品浸损镜头或载物台。

　　(5) 取换玻片标本时,应在低倍镜下进行,不可在高倍镜或油镜下取换玻片标本。转换物镜镜头时,应转动物镜转换器,切忌直接扳动镜头。

　　(6) 显微镜各部件要保持清洁,**光学部件必须用擦镜纸擦拭**,绝对禁止用其他物品擦拭。使用油镜后,应严格按照油镜清洁方法擦拭油镜,切勿将香柏油残留在油镜上。显微镜的金属油漆部件和塑料部件,可用软布蘸中性洗涤剂进行擦拭,不可使用有机溶剂。

　　(7) 使用显微镜时一定严格按规程操作,遇到问题,如机件不灵,千万不可用力转动,切忌任意拆修,应立即报告指导教师。

参考文献

[1] 陈金春,陈国强.微生物学实验指导[M].2 版.北京:清华大学出版社,2007.

[2] 钱存柔,黄仪秀.微生物学实验教程[M].2 版.北京:北京大学出版社,2008.

[3] 徐德强,王英明,周德庆.微生物学实验教程[M].4 版.北京:高等教育出版社,2019.

[4] 李玉明,王洪钟,李鹏.大学生物学实验指导[M].北京:高等教育出版社,2022.

第2章
实　验

第1节　基础型实验

实验1　微生物形态观察

　　自安东尼·范·列文虎克（Antony van Leeuwenhoek）通过自制显微镜首次观察到微生物以来，一个崭新的微观生物世界便呈现在人们面前。随着显微技术与微生物学及相关学科的交叉融合，微生物学科蓬勃发展，迅速进入到形态学描述阶段，让我们对微生物的认知和应用达到了前所未有的高度。微生物菌落形态观察和显微技术也成为了初步鉴别微生物种类的重要技术方法。因此，显微技术是微生物检验和研究中最基础、最常用，也是必须掌握的技术之一。

一、实验目的

　　（1）熟练使用普通光学显微镜观察微生物；
　　（2）观察细菌、放线菌、酵母菌和霉菌的基本形态特征和特殊结构；
　　（3）观察细菌、放线菌、酵母菌及霉菌的菌落形态；
　　（4）了解微生物画图法。

二、实验原理和方法

1. 微生物的分类和结构

　　微生物通常是肉眼看不到的微小生物，包括细胞型和非细胞型两类。具有细胞形态的微生物称为细胞型微生物，从细胞结构可以将其分为原核微生物和真核微生物。原核微生物无成形的细胞核、核膜，细胞器只有核糖体。细菌、古细菌、放线菌、蓝细菌、支原体、衣原体、立克次体等属于原核微生物。真核微生物的细胞有成形的细胞核、核膜和多种细胞器，霉菌、酵母菌、藻类、原生动物等均属真核微生物。非细胞型微生物指病毒、类病毒等不具备细胞结构，以寄生方式生活的微生物。

1）细菌

（1）细菌的形态

细菌是一类细胞细短、结构简单、细胞壁坚韧、多以二分裂方式繁殖的水生性较强的原核生物。不同细菌在显微镜下的形态千差万别，丰富多彩。依据细胞形态，细菌主要分为球菌、杆菌和螺旋菌（图 E1.1）。

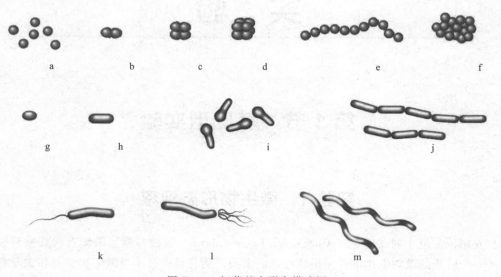

图 E1.1　细菌基本形态模式图

a 单球菌；b 双球菌；c 四联球菌；d 八叠球菌；e 链球菌；f 葡萄球菌；
g 球杆菌；h 棒杆菌；i 梭菌；j 链杆菌；k 弧菌；l 螺菌；m 螺旋体

球菌大小以直径表示，多为 0.5～1.0 μm，根据分裂的方向及分裂后相互间的连接方式不同，又可分为：①单球菌，其细胞分裂后，新个体分散而单独存在，如尿素微球菌（*Micrococcus ureae*）；②双球菌，两个细胞成对排列，如肺炎双球菌（*Diplococcus pneumoniae*）；③四联球菌，经两次分裂形成的四个细胞联在一起呈"田"字形，如四联微球菌（*Micrococcus tetragenus*）；④八叠球菌，细胞沿着三个互相垂直的方向进行分裂，分裂后的 8 个细胞叠在一起呈魔方状，如尿素八叠球菌（*Sarcina ureae*）；⑤链球菌，多个细胞排成链状，如乳酸链球菌（*Streptococcus lactis*）；⑥葡萄球菌，细胞无定向分裂，形成的新个体排列成葡萄串状，如金黄色葡萄球菌（*Staphylococcus aureus*）等。

杆菌以宽度×长度表示，一般为 0.2～1.25 μm×0.5～5.0 μm，外形较球菌复杂，常有短杆（球杆）状、棒杆状、梭状、梭杆状、竹节状（两端平截）和弯月状。按照杆菌细胞的排列方式则有链状、栅状、"八"字状及丝状。自然界中杆菌最为常见，如大肠埃希菌（*Escherichia coli*）、枯草芽孢杆菌（*Bacillus subtilis*）。

螺旋菌表示方式与杆菌相同，一般为 0.3～1.0 μm×1.0～50 μm，其长度是菌体两端点间的距离。螺旋菌的螺旋不足一环的为弧菌；满 2～6 环的为螺菌；而旋转周数多，体长而柔软的专称螺旋体。

显微镜下观察到的细菌大小与所用固定染色方法、培养环境有关。一般经干燥固定的菌体比活菌体长度缩短 1/3～1/4，而用负染法的菌体常常大于普通染色，甚至大于活菌体。培养时间、温度及培养基营养条件均可引起细菌形态的改变。如培养 4h 的枯草芽孢杆菌比培养 24h 的细胞长 5～7 倍，宽度变化不显著。培养基中渗透压增加会导致细胞变小。另外，有些细菌具有特定的生活周期，不同生长阶段具有不同的形态。因此，观察细菌形态一般应在对数生长期，此时菌体整齐、正常，表现特征形态。

（2）细菌的特殊结构

① 芽孢

某些细菌在其生长发育的特定时期在细胞内形成一个圆形或椭圆形、厚壁、含水量极低、抗逆性极强的休眠体，称为芽孢（又叫做内生孢子，endospore）。芽孢杆菌属（*Bacillus*）和梭菌属（*Clostridium*）是产生芽孢的最主要细菌。此外，芽孢八叠球菌属（*Sporosarcina*）和孢螺菌属（*Sporospirillum*）也能产生芽孢。

芽孢的有无、形态、大小和着生位置是细菌分类与鉴定中重要的形态学指标之一（图 E1.2）。根据芽孢着生位置可分为中央位、近端位、端位；根据芽孢直径与菌体宽度的关系可分为大于、等于或小于。

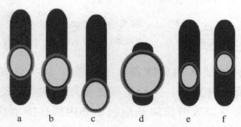

图 E1.2　芽孢着生位置、大小示意图

a 中央位；b 近端位；c 端位；d 大于；e 等于；f 小于

② 糖被

某些细菌的细胞壁外包被着一层厚度不定、形态不定的胶状物质，称为糖被（glycocalyx），其主要成分为多糖、多肽或蛋白质，尤其以多糖居多。糖被对微生物具有保护作用，保护菌体免受干旱损伤，防止噬菌体伤害，作为透性屏障保护细菌免受重金属离子的毒害等；同时，其还具有贮藏养料、促进生物被膜的形成、信息识别、代谢废物堆积等作用。

糖被的有无、薄厚与菌种的遗传信息相关，也受到环境尤其是营养条件的显著影响。糖被根据其有无固定层次、层次薄厚，可分为荚膜（capsule）和黏液层两类。荚膜与细胞壁结合紧密，含水量高，易溶于水，与染料亲和力低，可经荚膜负染法在光学显微镜下显现。

③ 鞭毛

鞭毛（flagellum）是生长在某些细菌体表的长丝状、波曲形的蛋白质附属物，数量从一至数十根不等。原核微生物鞭毛长度一般 15～20 μm，直径 0.01～0.02 μm，其着生方式有极生、丛生、周生（图 E1.3）。可用电子显微镜直接观察鞭毛，或者用特殊的鞭毛染色法将鞭毛加粗染色后在光学显微镜下观察。

鞭毛是细菌最重要的运动结构，是原核生物实现趋向性的最有效保障。弧菌、螺旋菌普遍具有鞭毛，杆菌中约一半具有鞭毛，球菌中仅个别的属有鞭毛。鞭毛的有无和着生方式在细菌的分类和鉴定中也是一项重要的形态学指标。

2）放线菌

放线菌是一类主要呈菌丝状生长，以孢子繁殖的陆生性较强的原核生物，其形态较细菌复杂，但仍是单细胞生物，至今发现的放线菌几乎都呈革兰氏阳性。

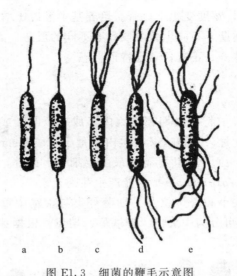

图 E1.3　细菌的鞭毛示意图

a、b 为极生鞭毛（a 为单端极生鞭毛，b 为两端极生鞭毛）；c、d 为丛生鞭毛；e 为周生鞭毛

　　链霉菌是分布最广、种类最多的放线菌，其细胞呈丝状分支，菌丝直径很小（小于 1 μm）。在营养生长阶段，菌丝内无隔，一般呈多核单细胞状态；当其孢子落在固体基质表面并发芽后，不断伸长、分支并以放射状向基质表面和内层扩展形成具有吸收营养和排泄代谢废物功能的色浅、较细的基内菌丝（又称基质菌丝、营养菌丝或一级菌丝）。同时，它不断向空间方向分化出色深、较粗的气生菌丝（又称二级菌丝）。菌丝成熟后分化成孢子丝，并通过横割分裂方式产生分生孢子（图 E1.4）。孢子丝的形态结构各异，呈螺旋状、波浪状、分支状等，色彩也较多样（图 E1.5）。

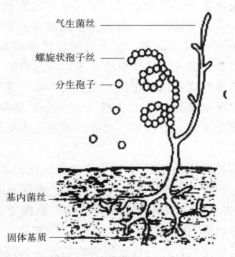

图 E1.4　放线菌形态示意图

　　放线菌种类多样。除链霉菌外，还有基内菌丝断裂成杆菌状体的放线菌，在基内菌丝顶端形成孢子的放线菌，由气生菌丝盘卷而成孢囊的放线菌。

3）真菌

　　真菌属于真核微生物，其细胞核有核膜包被，细胞内有多种细胞器的分化，细胞壁主要

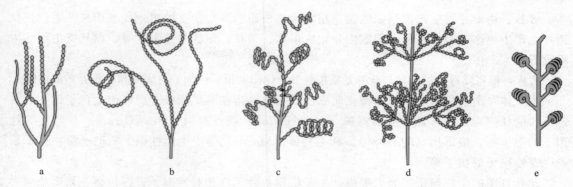

图 E1.5   链霉菌孢子丝形态示意图
a 弯曲；b 松环；c 松螺旋；d 双轮有螺旋；e 紧螺旋

成分为多糖，另有少量的蛋白质和脂质。既有单细胞的酵母菌，也有由隔膜或无隔膜菌丝体组成的霉菌，也叫丝状真菌。

（1）酵母菌

大多数酵母菌为单细胞，呈卵圆形，喜偏酸含糖环境，其细胞直径通常是细菌的 10 倍左右，长 5～20 μm，宽 3～5 μm。大多数酵母菌如酿酒酵母（*Saccharomyces cerevisiae*）通过出芽方式进行无性繁殖，少数酵母菌通过产生无性孢子进行繁殖；酵母菌也可以通过形成子囊孢子进行有性繁殖；酵母菌子代细胞连在一起成为链状的称为假丝酵母；通过对称性分裂方式繁殖的称为裂殖酵母（图 E1.6）。

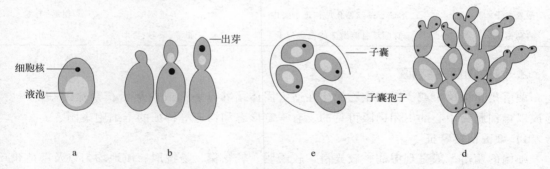

图 E1.6   酵母菌示意图
a 单个细胞；b 出芽；c 子囊和子囊孢子；d 假菌丝

（2）丝状真菌

丝状真菌也叫霉菌，其菌丝是营养细胞，是一种管状的细丝，直径一般 3～10 μm，比细菌和放线菌的细胞均粗几倍到几十倍。菌丝可伸长并产生分支形成菌丝体。根据菌丝中是否存在隔膜，可将之分为无隔膜菌丝体和有隔膜菌丝体。无隔膜菌丝体是一个单细胞，含有多个细胞核，是低等真菌（壶菌门和接合菌门）的菌丝形态；有隔膜菌丝体中有隔膜，被隔膜隔开的一段菌丝就是一个细胞，菌丝体由多个细胞组成，每个细胞内有一个或多个细胞核。在隔膜上有一至多个小孔，菌丝之间可以互相融合，可形成三维网络型菌丝体联合，巨大子实体的产生也就成为可能。

菌丝变态是指为适应不同的环境条件和更有效地摄取营养满足生长发育的需要，许多真菌的菌丝可以分化成一些特殊的形态，如吸器、假根、子实体等。

吸器：由专性寄生霉菌（如锈菌、霜霉菌和白粉菌等）产生的菌丝变态而成。它们是从菌丝上产生出来的旁支，侵入细胞内分化成根状、指状、球状和佛手状等，以从寄主细胞内吸收养料。

假根：根霉属霉菌的菌丝与营养基质接触处分化出的根状结构，有固着和吸收养料的功能。

子实体：由大量气生菌丝体特化而成。子实体是指在其里面或上面可产生孢子的、有一定形状的任何构造。常见的有曲霉属（*Aspergillus*）或青霉属（*Penicillium*）等产生无性孢子的孢子穗，根霉属（*Rhizopus*）和毛霉属（*Mucor*）等产生无性孢子的孢子囊，担子菌产生有性孢子的担子等。

丝状真菌的生长与繁殖能力很强，主要依靠各种无性和有性孢子进行传播、繁殖或应对营养缺乏。一般菌丝生长到一定阶段先产生无性孢子，进行无性繁殖，菌丝断片的繁殖也属无性繁殖。到后期，在同一菌丝体上产生有性繁殖结构，形成有性孢子，进行有性繁殖。丝状真菌的无性孢子有不同的类型和特征（表 E1.1）。而其有性繁殖也复杂多样，有的两条营养菌丝即可直接结合。多数丝状真菌的菌丝分化成特殊的性细胞（器官），如配子囊，经交配形成有性孢子，如接合孢子、子囊孢子、担孢子、卵孢子等（图 E1.7）。

表 E1.1　丝状真菌的无性孢子特征

孢子名称	形成特征	孢子形态	代表真菌
厚垣孢子	部分菌丝细胞变圆,原生质浓缩,周围生出厚壁	圆形、柱形等	总状毛霉
节孢子	由菌丝断裂形成	常呈串短柱状	白地霉
分生孢子	由分生孢子梗顶端细胞特化而成单个或簇生的孢子	极其多样	青霉、曲霉
孢囊孢子	形成于菌丝特化结构孢子囊内	近圆形	根霉、毛霉
游动孢子	有鞭毛且能游泳的孢囊孢子	圆形、梨形、肾形等	壶菌

2. 微生物菌落特征

菌落是指由单个或少数微生物细胞在适宜固体培养基表面或内部生长繁殖到一定程度，形成以母细胞为中心的一团肉眼可见的、有一定形态和构造等特征的子细胞集团。

1）细菌菌落特征

细菌的菌落一般呈现湿润、较光滑、较透明、较黏稠、易挑取、质地均匀以及菌落正反面或边缘与中央部位的颜色一致等特征。不同形态、生理类型的细菌，其菌落形态、构造等特征也有许多明显的差异。无鞭毛不能运动的细菌，尤其是球菌通常都形成较小、较厚、边缘圆整的半球状菌落；有鞭毛、运动能力强的细菌一般形成大而平坦、边缘多缺刻（甚至呈树根状）、不规则形的菌落；有糖被的细菌菌落往往表面光滑，呈透明或半透明黏液状，形状大而圆；有芽孢的细菌菌落表面一般粗糙不透明，常呈现褶皱。

2）放线菌菌落特征

多数放线菌的菌丝体有基内菌丝和气生菌丝的分化。气生菌丝成熟时又会进一步分化成孢子丝，呈螺旋状、波浪状或分支状等，并产生形状多样、表面结构各异、颜色不同的干粉状孢子。其菌落表面呈致密的丝绒状，上有一薄层色彩各异的"干粉"；菌落和培养基连接紧密，难以挑取；菌落的正反面颜色常不一致，部分菌株能分泌水溶性色素；菌落边缘的琼脂平面有变形的现象。不少放线菌还会产生有利于识别它们的土臭味素，从而使菌落带有特殊的土腥气味或冰片气味。

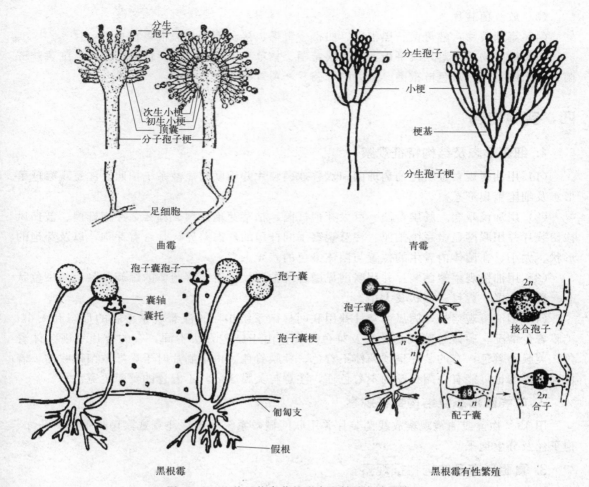

图 E1.7 几种丝状真菌的形态和繁殖方式示意图

3）真菌菌落特征

酵母菌细胞比细菌大（直径大 5～10 倍），不能运动，繁殖速度较快，一般形成较大、较厚、较透明的圆形菌落。一般不产色素，少数产红色素或黑色素。假丝酵母可形成藕节状的假菌丝，形成较扁平、边缘不整齐的菌落。

丝状真菌的细胞呈丝状，其菌丝直径一般较放线菌大 1～10 倍，因此长度突出，且其生长速度极快。在固体培养基上生长时又有营养菌丝和气生菌丝的分化，而气生菌丝间没有毛细管水，因此菌落有其明显的特征。它们的菌落形态较大，质地疏松，外观干燥、不透明，呈现或松或紧的蛛网状、绒毛状、棉絮状或毡状；菌落与培养基间的连接紧密，不易挑取，菌落正面与反面的颜色、构造以及边缘与中心的颜色常不一致。

三、实验仪器、材料和用具

（1）普通光学显微镜、镜油、擦镜纸、擦镜液。
（2）细菌装片：金黄色葡萄球菌、八叠球菌、苏云金芽孢杆菌、巨大芽孢杆菌、枯草芽孢杆菌、破伤风梭菌、褐球固氮菌、螺菌。

(3) 放线菌装片。

(4) 真菌装片：酵母菌、黑根霉、曲霉、青霉、接合孢子（黑根霉）。

(5) 微生物单菌落划线平板：大肠埃希菌、枯草芽孢杆菌、金黄色葡萄球菌、细黄链霉菌、泾阳链霉菌、灰色链霉菌、酿酒酵母菌、产黄青霉。

四、实验内容

1. 细菌形态及结构特征观察

(1) 用油镜观察金黄色葡萄球菌和八叠球菌装片并用联网显微系统拍照。注意观察球菌形态及细胞聚集形态。

(2) 用油镜观察大肠埃希菌、巨大芽孢杆菌、枯草芽孢杆菌、苏云金芽孢杆菌、破伤风梭菌装片并用联网显微系统拍照。注意观察不同杆菌的形态差异，是否有芽孢，以及芽孢的形状、大小、在菌体内着生的位置与菌体染色的差异。

(3) 用油镜观察螺菌装片并用联网显微系统拍照。注意观察菌体的螺旋及鞭毛的染色状态、着生位置、数目、形状及大小。

(4) 用油镜观察褐球固氮菌装片并用联网显微系统拍照。注意观察荚膜的形态和大小，荚膜着色情况，菌体与荚膜的关系及染色差异。由于染色方法不同，有的装片呈现菌体着色，荚膜不着色；有的装片呈现菌体不着色、荚膜着色。由于制片时干燥导致菌体收缩，着色菌体周围也可能有一圈狭窄的不着色环，注意与荚膜区分，不着色的荚膜更宽。

2. 放线菌形态及结构特征观察

用40×物镜或油镜观察放线菌装片并用联网显微系统拍照。注意观察菌丝形态、分布、孢子丝及分生孢子。

3. 真菌形态及结构特征观察

(1) 用40×物镜或油镜观察酵母菌装片并用联网显微系统拍照。注意观察菌体形态及其出芽繁殖方式，部分装片可观察到子囊和子囊孢子。

(2) 用40×物镜或油镜观察青霉装片并用联网显微系统拍照。注意观察其分生孢子梗、小梗、分生孢子。

(3) 用40×物镜或油镜观察曲霉装片并用联网显微系统拍照。注意观察其分生孢子梗、顶囊、分生孢子。

(4) 用40×物镜或油镜观察黑根霉及接合孢子装片并用联网显微系统拍照。注意观察菌丝形状，有无隔膜；菌丝变态形成的假根、孢子囊柄、孢子囊、孢子囊孢子、接合孢子等结构。

4. 微生物菌落形态观察

观察大肠埃希菌、枯草芽孢杆菌、金黄色葡萄球菌、细黄链霉菌、灰色链霉菌、泾阳链霉菌、酿酒酵母菌、产黄青霉等微生物的菌落平板，从相对大小、颜色（正反面）、形状、含水状态、透明度、边缘情况等方面描述菌落形态并记录，区分不同种类微生物的菌落。对菌落形态的描述和区别，可从各种不同的角度进行。

大小：以毫米计，一般可分为大（>3 mm）、中（2～3 mm）、小（<2 mm）三种。

表面：粗糙、光滑、黏液样、褶皱、放射状、同心圆等。

透明度：透明、半透明、不透明。

外形：圆形、不规则、根茎状、阿米巴状、卷发状、菌丝状、念珠状等。

高度：扁平、凸起、隆起、脐形、纽扣形、针尖形等。

边缘：整齐、锯齿状、叶状、细毛状、散状、破裂状、树枝状等。

光泽：有光泽、无光泽、荧光等。

乳化：在生理盐水中呈均匀、颗粒状或膜状悬液等。

硬度：用接种环挑起，呈黏稠状或易碎等。

产生色素：金黄色、白色、柠檬色、红色、绿色、紫色、黑色等。

气味：无臭、酸臭、生姜味、吲哚味、酸牛奶味、恶臭味、水果味等。

溶血性：在血琼脂平板上可分为完全溶血（β溶血）、不完全溶血（α溶血）或不溶血。

五、实验记录

1. 普通光学显微镜观察微生物形态（表 E1.2）

显微镜编号：_____　　　文件夹名：_____

表 E1.2　微生物形态记录

序号	装片名	照片名	物镜	形态及结构特征
1	黑根霉			
2	青霉			
3	曲霉			
4	接合孢子(黑根霉)			
5	酵母菌			
6	放线菌			
7	巨大芽孢杆菌			
8	枯草芽孢杆菌			
9	破伤风梭菌			
10	苏云金芽孢杆菌			
11	褐球固氮菌			
12	金黄色葡萄球菌			
13	八叠球菌			
14	螺菌			
15				
16				
17				
18				
19				
20				
21				

2. 观察微生物菌落形态特征（表 E1.3）

表 E1.3　微生物菌落形态特征记录

分类	菌名	含水状态	外形	透明度	颜色	边缘	高度
					正面： 反面：		
					正面： 反面：		
					正面： 反面：		
					正面： 反面：		
					正面： 反面：		
					正面： 反面：		
					正面： 反面：		

六、思考题

（1）在显微镜下，细菌、放线菌、霉菌、酵母菌在细胞大小、结构上有何区别？

（2）如何根据菌落形态差异区分细菌、放线菌、霉菌、酵母菌？

参考文献

[1] 李玉明,王洪钟,李鹏.大学生物学实验指导[M].北京:高等教育出版社,2022.

[2] 陈金春,陈国强.微生物学实验指导[M].2版.北京:清华大学出版社,2007.

[3] 徐德强,王英明,周德庆.微生物学实验教程[M].4版.北京:高等教育出版社,2019.

[4] JOHN P HARLEY. Laboratory exercises in microbiology[M].9th ed. New York:McGraw-Hill College,2014.

[5] 沈萍,陈向东.微生物学[M].8版.北京:高等教育出版社,2016.

实验 2　环境微生物的检测与分离纯化

　　与动物和植物相比，微生物一大特征就是数量大，分布广。无论是否意识到它的存在，它都在土壤、水域、空气、动植物表面及体内大量存在。微生物培养技术作为微生物科学研究和应用领域的重要基础，广泛应用于微生物的分离、鉴定、分析、筛选、驯化、进化等方面。如何识别、分离出环境中的微生物并对之进行更深入的研究？如何在实验室实现微生物纯培养？本实验就是要解决这样的问题。

一、实验目的

　　(1) 认识微生物存在的普遍性；
　　(2) 学习并掌握无菌操作技术，理解无菌操作的意义；
　　(3) 学习微生物分离纯化的方法、微生物纯培养技术和微生物接种技术。

二、实验原理和方法

1. 微生物的纯培养

　　在地球生物圈中分布着物种多样、遗传性多样、生态功能多样的微生物，微生物的分布也反映生境的特征，是生境各种物理、化学、生物因素对微生物的限制、选择的结果。受生态环境中营养和生态因子的制约，自然界的微生物大部分是"活的未能培养的微生物"。土壤是微生物生活的大本营，是寻找重要的有应用潜力微生物的菌源地。不同土源的微生物种类和数量各不相同，一般土壤中，细菌数量最多，其次为放线菌和真菌。在较干燥、偏碱性、有机质丰富的土壤中放线菌较多，在有机质丰富、偏酸性、通气性较好的土壤中，霉菌较多。

　　为了满足研究和生产的需求，往往需要从自然界混杂的微生物群体中分离出具有特殊功能的纯种微生物。在微生物学中，把在人为规定的条件下培养、繁殖得到的微生物群体称为培养物。一株菌种或一个培养物中所有的细胞或孢子都是由一个细胞分裂、繁殖而产生的后代则被称为纯培养物。纯培养是微生物研究的基础，而无菌技术和微生物的分离纯化技术是保障纯培养的技术基础。

　　无菌技术包括灭菌和无菌操作。灭菌是指杀死或消灭环境中的一切微生物，其方法很多，包括加热灭菌（高压蒸汽灭菌和干热灭菌）、紫外线灭菌、过滤除菌等。

　　高压蒸汽灭菌法常适用于培养微生物的器具如培养皿、试管等玻璃仪器以及培养基的灭菌，通常在 0.1 MPa、121 ℃条件下灭菌 20 min，或者 0.07 MPa、115 ℃条件下灭菌 30 min，可以保证杀灭所有的微生物营养体及其孢子，同时基本保持培养基的营养成分不被破坏。应根据待灭菌物品中的微生物种类、数量与灭菌效果选择灭菌条件。大容量固体培养基灭菌时间可适当延长至 30 min，天然培养基较合成培养基灭菌时间长。

　　高温干热灭菌法可用于某些粉末状、耐高温的金属、陶瓷、沙土管等物品的灭菌，通常在 140～160 ℃ 条件下灭菌 2～3 h 方可杀死芽孢，达到灭菌要求。

紫外线灭菌是通过紫外灭菌灯进行的，其波长为 253.7 nm，照射物体距离不超过 1.2 m 时灭菌力强而稳定。紫外线穿透能力差，一般只适用于环境或物体表面灭菌。

过滤除菌是采用过滤器除去液体中的微生物的方法。微孔滤膜孔径为 0.1 μm 时，可以除去支原体；孔径为 0.22 μm 时，可以除去一般细菌。

无菌操作保障了操作过程中的实验器皿及样品免受污染，通常在酒精灯火焰附近进行无菌操作，或是在超净台、生物安全柜等无菌操作箱进行。微生物实验常用的无菌操作技术包括使用接种环或接种针进行接种，或使用涂布棒进行涂布等。

2. 微生物的分离与纯化

从混杂的微生物群体中获得只含有一种或一株微生物的过程称为微生物的分离与纯化。分离纯化技术是微生物学中重要的基本技术之一，分离纯化方法分为两类：细胞水平上的纯化和菌落水平上的纯化。本实验只涉及到菌落水平的纯化。

对于可以在固体培养基进行培养的微生物，用罗伯特·科赫（Robert Köch）建立的平板分离法可将单个微生物分离和固定在培养基表面或内部，是一百多年来菌种分离的最常用手段。根据菌种的性质和类型以及研究需要可以选择稀释倒平板法、平板涂布法（图 E2.1）、平板划线法（图 E2.2）、稀释摇管法。

稀释倒平板法是将原菌液经数次 10 倍稀释至合适浓度后取 1 mL 倒入平皿，另取一定量融化后冷却至 50 ℃ 左右的琼脂培养基倒入同一平皿，在桌面上缓慢旋转，使之与菌液混匀后倒置培养。通常在培养基表面或内部出现菌落，表面菌落大而圆，内部菌落常小一些。使用此法时，培养基温度过高容易将菌烫死，皿盖上冷凝水过多也会影响分离效果；而低于 45 ℃ 的培养基易凝固导致平板高低不平。

平板涂布法是将原菌液进行数次 10 倍稀释至合适浓度后，吸取一定量稀释菌液分散滴加到事先准备好的固体培养基上，用经加热灭菌并冷却的涂布棒在培养基表面将菌液均匀涂布。通常只在培养基表面生长菌落。

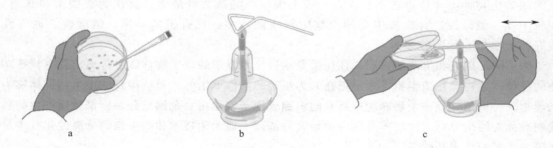

图 E2.1　平板涂布法示意图
a. 滴加稀释液；b. 灼烧涂布棒并冷却；c. 涂布

平板划线法有连续划线法和分区划线法两种。用接种环在酒精灯外焰灼烧杀菌后冷却，从原菌液或菌落蘸取少量菌样。连续划线法是从事先准备好的固体培养基平板边缘处开始，接种环在培养基表面连续划折线直到平板的另一端为止，操作过程中不需要灼烧接种环上的菌；分区划线法是将培养基分为中间首尾相连的若干区域，先将接种环上蘸取的菌样在第一区域划 3～5 条平行线，灼烧接种环去除多余菌体后从第一区划线处向第二区划几条平行线，依次在各区划线以达到分离菌体的目的。

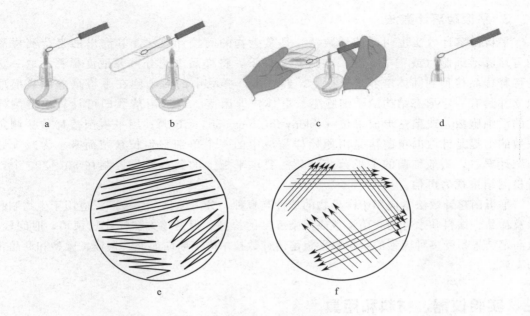

图 E2.2　平板划线法示意图

a. 灼烧接种环并冷却；b. 取菌；c. 在培养基上划线接种；d. 烧去余菌并冷却接种环

连续划线法：由 a、b、c、d 四步构成，其中 c 步骤按照 e 所示，在培养基上划连续折线；

分区划线法：由 a、b、c、d 四步构成，其中 c 步骤按照 f 所示，在培养基上顺次分区划线，

重复 c、d 步骤依次完成各区划线接种

　　不能在固体培养基上生长的微生物，可用液体培养基分离来获得纯培养物，如一些个体大的细菌、许多原生动物和藻类等。常采用的液体培养基分离纯化法是稀释法。其方法是将接种物在液体培养基中顺序稀释，达到高度稀释的效果，直至一支试管中分配不到一个微生物。经稀释后的大多数平行试管（应超过 95%）中没有微生物生长，那么有微生物生长的试管中得到的培养物可能就是纯培养物。

　　如果目标菌的数量在混合微生物中不占优势或很少量时，可以采用单细胞分离法或者选择培养分离法来进行分离。单细胞分离法适用于分离上述混合微生物中个体较大、数量较少的少数群体。选择培养分离法则是通过选择培养进行微生物纯培养（表 E2.1），包括选择平板培养和富集培养。根据目标微生物的特点，根据不同营养、生理、生长条件等选择培养分离的方法，抑制其他大多数微生物的生长，而造成有利于该目标微生物生长的环境。经过一定时间培养后，该菌微生物数量上升，再通过平板稀释等方法进行纯培养分离。

表 E2.1　一些选择培养基及适用菌

培养基	分离菌种	培养现象
甘露醇高盐琼脂培养基 (mannitol salt agar medium)	葡萄球菌（金黄色葡萄球菌）	高盐环境抑制其他微生物生长，金黄色葡萄球菌发酵甘露醇，在红色培养基上形成黄色区域
伊红美蓝琼脂培养基 (EMB agar medium)	大肠埃希菌	抑制革兰氏阳性菌生长，大肠埃希菌产生金属光泽深绿色菌落，其他菌落呈紫红色或黏液状
麦氏琼脂培养基 (MacConkey's agar medium)	发酵乳糖的革兰氏阴性菌（大肠埃希菌）	抑制革兰氏阳性菌生长，大肠埃希菌吸收中性红染料，形成红色菌落
沙氏葡萄糖琼脂培养基 (Sabouraud dextrose agar medium)	酵母	低 pH 抑制了多数其他微生物

3. 平板菌落计数法

平板菌落计数法也叫活菌计数法，是微生物的间接计数法，其测出的是待测样品中的可培养活细胞（或孢子）数。在适宜条件下，将样品细胞分散并适度稀释，取一定量的稀释样品接种到固体培养基平板上，经培养，样品中的活细胞在平板培养基表面形成独立并具有一定形态结构的子细胞生长群体，即菌落。通过菌落数即可计算出待测样品中的活细胞数，或菌落形成单位（colony-forming unit，CFU）。用平板菌落计数法测定总菌数的前提是计数的单菌落是由原始样品液中的一个单细胞生长繁殖而来。为减少计数与统计误差，一般细菌的平板菌落计数法要求平板上的菌落数量控制在 $30\sim300$ 个，此时检测结果视为可信。

平板菌落计数法常应用于微生物的选种与育种、分离纯化，并被广泛应用于生物制品检验及食品、饮料和水等的含菌指数或污染程度的检测。但是该方法操作较烦琐，时间较长，且测定结果易受多种因素的影响。平板菌落计数技术应不断向简便、快速、微型和商品化方向发展。

三、实验仪器、材料和用具

1. 实验材料
花园土样约 10 g。

2. 实验试剂
牛肉粉、蛋白胨、氯化钠、琼脂、氢氧化钠；生理盐水。

3. 实验仪器及用具
高压灭菌锅、隔水式恒温培养箱、取液器及吸头、培养皿、EP 管、EP 管架、三角瓶、涂布棒、接种环、酒精灯、火柴、计数器、牙签、棉签、记号笔。

四、实验内容

1. 牛肉蛋白胨固体培养基配制

按照表 E2.2 配制牛肉蛋白胨培养基 400 mL，调 pH 至 $7.2\sim7.4$，平均分装至两个 500 mL 三角瓶中，每瓶加入 2%（质量体积比）的琼脂，稍稍晃动三角瓶，用封口膜封好，在 121 ℃条件下灭菌 20 min。待温度降至 60 ℃左右，将培养基倒入已灭菌的培养皿中，凝固后倒置待用。每个培养皿大约倒入 20 mL 培养基。该步骤需在课前完成。

表 E2.2　牛肉蛋白胨培养基配方

组分	用量
牛肉粉	5 g
蛋白胨	10 g
NaCl	5 g
自来水	定容至 1000 mL

需要注意的是，配制好的培养基或试剂分装至三角瓶时，为保证高压灭菌的安全性，防止灭菌过程喷射溢出，分装体积不应超过三角瓶体积的一半。

2. 实验用品灭菌

本实验采用高温、高压、湿热灭菌法进行灭菌。高压灭菌锅内加去离子水，没过底部刻度线即可。将含玻璃珠的 99 mL 生理盐水 1 瓶、30 mL 生理盐水若干瓶、EP 管、取液器吸头、培养皿、牙签、棉签放入灭菌锅，在 121 ℃ 条件下灭菌 20 min。待灭菌锅温度降至 80 ℃ 以下，取出。灭菌时，装液体积不应超过三角瓶体积的一半。灭菌过程属高温、高压操作，需严格按照实验室安全规则及仪器使用规则进行。该步骤需在课前完成。

3. 土壤微生物的分离及单菌落计数

(1) 采集土样

选定研究对象，如选取土质较为肥沃的采土地点，铲去表层土，用无菌的采样铲取表层下 5～20 cm 土壤约 10 g，装入标记好的无菌离心管，记录取样地点、时间及环境，带回实验室备用。

(2) 制备土壤稀释液

① 称取土样 1.0 g，加入已灭菌的 99 mL 无菌生理盐水中，振荡三角瓶 5～10 min，使样品均匀分散。静置 20～30 s，制成浓度为 10^{-2} 的土壤稀释液。每管 1 mL，分装于无菌 EP 管中，备用。

② 用取液器吸取 900 μL 无菌生理盐水，置于无菌 EP 管内，加入 100 μL 10^{-2} 的土壤稀释液，更换吸头后反复吹吸数次，振荡混匀，制备成 10^{-3} 的土壤稀释液 1 mL。以此类推，分别制备 10^{-4}、10^{-5}、10^{-6} 的土壤稀释液各 1 mL。

(3) 涂布

吸取 100 μL 10^{-4} 的土壤稀释液，较均匀地分散在牛肉蛋白胨培养基平板上，左手持平皿，用拇指和食指将皿盖打开一定角度，右手持无菌涂布棒前后推开菌液，并适时转动平皿后继续涂布，直至将培养基上的菌液完全均匀涂布。以此方法涂布 10^{-5}、10^{-6} 的土壤稀释液。每个浓度做三个平行实验组。

(4) 培养

将涂布好的平板用报纸包好，在 37 ℃ 培养箱倒置培养 24 h 后，观察并进行单菌落计数。

(5) 单菌落计数

用计数器或直接统计每个平板上的菌落数，菌落数以菌落形成单位 CFU 表示。同一稀释度计算三个平板平均菌落数，按照式 2.1 计算土样中的可培养活菌数。

$$土壤中的可培养活菌数（CFU/g）＝平均菌落数 \times 10 \times 稀释倍数 \qquad （式 2.1）$$

单菌落计数时：无菌苔生长的平板直接计数；当平板上出现大片生长的片状菌落时，弃用；若片状菌落不到平板面积的一半，可计数的菌落所占面积大于平板面积的一半，则计数半个平板后 ×2 作为该平板菌落数。当平板上出现菌落间无明显界限的链状生长时，将每条单链作为一个菌落计数，有界限按照界限计数。

对不同稀释浓度的平板菌落计数后，按照国标 GB 4789.2—2022 标准计算菌落总数。具体计算方法举例见表 E2.3。

表 E2.3 计算菌落总数方法举例

编号	不同稀释浓度的平均菌落数			两个稀释度菌落数之比	菌落总数 /(CFU/g)	备注
	10^{-1}	10^{-2}	10^{-3}			
1	1365	164	20	—	1.6×10^4 (16400)	
2	2760	295	46	1.6	3.8×10^4 (37750)	
3	2890	271	60	2.2	2.7×10^4 (27100)	用科学计数法时，保留两位有效数字
4	无法计数	1650	513	—	5.1×10^4 (51300)	
5	27	11	5	—	2.7×10^2 (270)	
6	无法计数	305	12	—	3.1×10^4 (30500)	

如果只有一个稀释浓度的平板菌落数为 30～300 时，以该浓度平板菌落数，按照式 2.1 计算土壤样品中的活菌数。

如果两个相邻稀释浓度平板的菌落数为 30～300 时，将稀释浓度换算至同一稀释度后，计算二者菌落数比值：若比值小于 2，则取两个稀释浓度菌落数的平均值，按照式 2.1 计算土壤样品的活菌数；若比值大于 2，则取菌落数较少的稀释浓度菌落数，按照式 2.1 计算土壤样品的活菌数。

如果所有菌落数均大于 300，则取稀释度最高的平均菌落数，按照式 2.1 计算土壤样品的活菌数。

如果所有菌落数均小于 30，则取稀释度最低的平均菌落数，按照式 2.1 计算土壤样品的活菌数。

如果所有菌落数均不在 30～300 间，以最接近 30 或 300 的平均菌落数，按照式 2.1 计算土壤样品的活菌数。

4. 环境微生物的观察与检测

在牛肉蛋白胨培养基平板上接种环境中各样品，操作前先在平皿底部用记号笔做好标记，标注实验内容、实验者，应尽量沿平皿边缘标记，以免影响实验观察结果。

进行液体样品接种时，可用平板涂布法或者平板划线法，可根据需要进行适当稀释后涂布。进行固体样品接种时，可直接涂抹或用牙签、棉棒进行间接划线接种。如有必要，可在平皿底部用记号笔分区，在同一平皿上完成不同的样品接种。

除以下列出的环境微生物的观察与检测，亦可根据自己的兴趣检测其他环境来源微生物状态。

(1) 将一块平板培养皿底部分为六个区，检测手指微生物。同一手指用同一力度在每个区内做"z"字形涂抹：未清洗的手指；自来水冲洗过的手指；用洗手液或肥皂洗过一次的手指；用洗手液或肥皂洗过两次的手指；用 75% 酒精棉消毒过的手指；空白对照。注意洗手后需待手指自然干燥后再进行涂抹，不能有液体残留。同时，接种时注意不能跨区，避免样品交叉污染。

(2) 使用过的纸巾、学生卡、纸币、硬币等分别在平板上来回涂抹 2～3 次。

(3) 剪下一根头发，放置于培养基上，用无菌涂布棒压紧防止倒置培养时掉落。

(4) 将稍稍张开的嘴唇在培养基上压一下，检测嘴唇上的微生物。

(5) 用无菌牙签取一点牙垢在培养基上划"z"字形线。

(6) 打开培养皿盖，对着培养基用力咳嗽。

（7）取两个平板，一个按照无菌操作要求在酒精灯火焰旁打开皿盖 3 min；另一个打开皿盖，置于空气中 30 min。对比两个平板上的菌落状态，验证无菌操作的有效性。

（8）用无菌生理盐水沾湿无菌棉棒，在平板电脑、手机触屏表面涂抹几次，然后在培养基表面划"z"字形线，检测触摸屏上的微生物。

（9）吸取 100 μL 校河水，较均匀地滴加在培养基上，用无菌涂布棒涂布均匀，检测校河水实时微生物状况。

（10）吸取 100 μL 自来水、水杯里的水、已开封或未开封饮品，较均匀地滴加在培养基上，用无菌涂布棒涂布均匀，检测其微生物状况。根据对液体样品中细菌数量的估计，如需要，可酌情对液体样品先进行稀释后再涂布检测。

将所有接种后的平皿用报纸包好，倒置于隔水式恒温培养箱中，37 ℃培养 24 h 后观察结果并描述菌落状况。剩余两个空白牛肉蛋白胨培养基平板也同时置于培养箱中，第二天观察如无杂菌生长则可用于下一步实验。

5. 环境中微生物的分离纯化

用平板划线法对环境来源微生物进行分离纯化。取出经 37 ℃培养 24 h 的平皿，用酒精灯外焰对接种环灼烧并冷却后，用无菌接种环挑取平板上某一单菌落菌种，在牛肉蛋白胨培养基平板上进行单菌落划线分离，标记好后倒置于 37 ℃培养箱培养 24 h，观察其菌落形态，初步判断该单菌落是否为单一细菌来源。若平板上出现两种或以上菌落形态，则再次重复以上单菌落划线分离实验，直至分离出的菌落形态一致。将培养好的平板置于 4 ℃冷藏保存，作为环境来源未知菌种备用。

值得注意的是，本次实验所有操作均在实验台上完成，实验中每一个操作步骤都需进行严格的无菌操作，在安全的前提下靠近酒精灯火焰边操作。涂布棒、接种环在使用前需在酒精灯火焰上加热灭菌，冷却后方可接触菌种进行操作，使用后也需加热烧去余菌。接种和涂布均在培养基表面进行，在培养基上涂或划线切忌用力太大，否则容易直接将菌液推至平皿边缘或划破培养基，影响实验结果。

五、实验记录

1. 土壤中微生物的分离及单菌落计数（表 E2.4）

土壤来源：_____

培养条件：_____

表 E2.4　平板单菌落计数

稀释度	平板单菌落数（CFU）		
	皿 1	皿 2	皿 3
10^{-4}			
10^{-5}			
10^{-6}			

2. 环境中微生物的观察与检测（表 E2.5）

培养条件：_____

23

表 E2.5 环境微生物的观察与检测记录

序号	实验对象	实验方法	实验现象

3. 环境中微生物的分离纯化

菌种来源：_____

培养条件：_____

标记及存放地点：_____

菌落形态特征：_____

六、思考题

（1）实验使用的土壤样品中活菌量大约在什么数量级？本实验分离出的微生物主要是哪些种类？如何判断？

（2）平板菌落计数的原理是什么？它适用于哪些类型微生物的计数？

（3）本实验对周围环境微生物进行了观察和检测，依据实验结果，分析无菌操作在研究中的必要性。无菌操作需要注意哪些方面？

（4）根据本次实验的结果，从微生物角度评价"过度洁癖行为"。

参考文献

[1] 陈金春,陈国强.微生物学实验指导[M].2 版.北京:清华大学出版社,2007.

[2] JOHN P HARLEY. Laboratory exercises in microbiology[M].9th ed. New York:McGraw-Hill College,2014.

[3] 沈萍,陈向东.微生物学[M].8 版.北京:高等教育出版社,2016.

[4] 徐德强,王英明,周德庆.微生物学实验教程[M].4 版.北京:高等教育出版社,2019.

[5] 李玉明,王洪钟,李鹏.大学生物学实验指导[M].北京:高等教育出版社,2022.

实验 3　细菌的简单染色和革兰氏染色

　　细菌的细胞小且透明，必须通过染色法使菌体着色，才能观察其细胞整体形态及内部结构。细菌涂片和染色技术是微生物实验的基本技术。简单染色可以提供细胞形态、大小、排列形式等信息。革兰氏染色法名字源于丹麦病理学家 Christian Gram，是细菌学中应用最广泛的鉴别染色法，其鉴别谱广泛，可用于大多数细菌、真菌、寄生虫和原生动物的鉴定，通过该方法，可以将细菌分为革兰氏阳性菌（G^+）和革兰氏阴性菌（G^-）两类。

一、实验目的

　　（1）掌握细菌涂片技术；

　　（2）掌握细菌简单染色和革兰氏染色技术，在显微镜下识别细菌的革兰氏染色结果。

二、实验原理和方法

1. 微生物染色法

　　微生物染色法是指用生物染料对微生物菌体或特殊结构进行染色，使染色后的菌体与背景形成明显的色差，从而能通过显微镜清晰地观察其形态和结构。生物染料通过物理因素或化学因素的作用对微生物进行染色，物理因素指细胞及细胞物质对染料的毛细现象、渗透、吸附作用等，化学因素指细胞物质和染料发生的各种化学反应。

　　根据其 pH 特性不同，生物染料分为三大类：酸性染料、碱性染料和中性染料。酸性染料电离后，其离子带负电，可与带正电荷的物质结合，如细菌分解糖类产酸使培养基 pH 下降，细菌所带正电荷增加，选择如伊红、刚果红、藻红和酸性复红等酸性染料则容易着色。碱性染料电离后，其离子带正电，可与带负电荷的物质结合，因细菌蛋白质等电点较低，在中性、碱性或酸性培养基中常带负电荷，所以一般情况下，细菌容易被美蓝（亚甲蓝）、结晶紫、碱性复红、番红和孔雀绿等碱性染料染色。中性染料是酸性和碱性染料的结合物，也叫复合染料，如伊红美蓝（瑞氏染料）、伊红天青等。

　　除对微生物菌体进行染色外，还可以对细菌的特殊结构如芽孢、荚膜、鞭毛等进行特殊染色，以便于观察。

　　染色前须涂片，将染色对象较均匀地涂抹在载玻片上，并通过热固定法或化学固定法固定细胞。固定的目的：一是杀死细菌并使之牢固黏附于载玻片上；二是增加原生质体对染料的亲和力。固定时应尽量维持细胞的形态，防止细胞过度膨胀或收缩。

2. 简单染色法和革兰氏染色法

　　简单染色法是只用一种染料使细菌着色以显示其形态的方法。其操作简便，但无法辨别细菌结构。

经典革兰氏染色法需要先后用到四种不同的溶液：**初染剂**草酸铵结晶紫染液，其作用是使细菌着蓝紫色；**媒染剂**碘液，其作用是增强染料与菌体的亲和力，在细胞壁内形成不溶于水的结晶紫与碘的复合物；**脱色剂**乙醇（或丙酮），其作用是将被染色的细胞脱色，根据不同细菌对染料脱色的难易程度可将细菌区分开；**复染剂**番红染液，其作用是使脱色的细菌重新染上红色，以便于与未脱色的细菌区分。凡细菌不被脱色而保留初染剂颜色呈蓝紫色者为革兰氏阳性菌，如细菌被脱色后又染上复染剂颜色呈红色者则为革兰氏阴性菌。

由我国学者黄元桐改良的革兰氏染色三步法用碱性复红乙醇溶液代替脱色液和番红染液，用一步复染操作实现了乙醇脱色和番红复染两步操作的目的，该方法具有操作简便、结果可靠等优点。

革兰氏染色法的原理是利用细菌细胞壁的结构和成分的不同（图 E3.1），通过染色加以鉴别。革兰氏阳性菌细胞壁中肽聚糖层厚且交联度高，网状结构致密，经酒精脱色反而使肽聚糖层的孔径缩小，通透性降低，因此细菌仍保留初染剂的颜色，呈现蓝紫色。革兰氏阴性菌的细胞壁中肽聚糖层较薄，交联度低，类脂含量高，当用乙醇脱色时，乙醇溶解了类脂物质，细胞壁孔径变大，通透性增大，结晶紫和碘的复合物易于溶出细胞壁，细菌被脱色，再经番红复染就呈现红色（图 E3.2）。

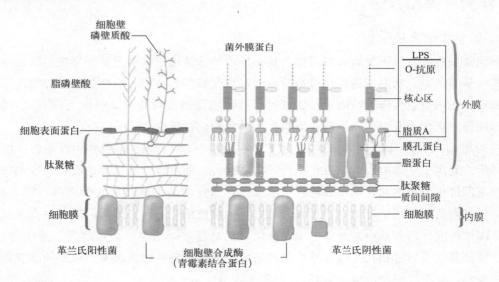

图 E3.1　革兰氏阳性菌和阴性菌细胞壁结构示意图

一般而言，绝大多数球菌、具芽孢的杆菌及放线菌呈革兰氏阳性反应，弧菌、螺旋体和大多数致病的无芽孢杆菌呈革兰氏阴性反应。例如实验中常用的大肠埃希菌是革兰氏阴性菌，而枯草芽孢杆菌和金黄色葡萄球菌都是革兰氏阳性菌。然而，革兰氏染色并不是总能产生清晰的结果，例如菌龄较老时，革兰氏阳性菌也可能呈现革兰氏阴性结果。因此，革兰氏染色通常使用年轻有活力的处于对数期的菌种。

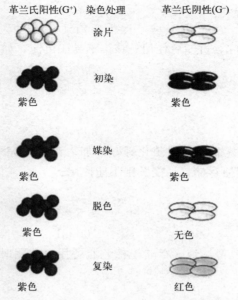

图 E3.2　革兰氏染色过程中 G^+ 和 G^- 细胞的颜色变化

三、实验仪器、材料和用具

1. 实验材料

大肠埃希菌、枯草芽孢杆菌、金黄色葡萄球菌液体菌种、待鉴定的环境来源未知菌固体菌种。

2. 实验试剂

草酸铵结晶紫染液、卢氏碘液、95％乙醇溶液、番红染液、擦镜液、镜油。

3. 实验仪器及用具

普通光学显微镜、恒温振荡培养箱、取液器及配套吸头、擦镜纸、载玻片、盖玻片、接种环、酒精灯、镊子、记号笔、吸水纸、洗瓶、废液桶、EP 管、EP 管架、无菌牙签。

四、实验内容

1. 菌种活化培养

将大肠埃希菌、枯草芽孢杆菌、金黄色葡萄球菌接种于牛肉蛋白胨液体培养基中，在恒温振荡培养箱中以 37 ℃、200 r/min 培养 10～18 h，分装于无菌 EP 管备用。按照 2∶1 的比例将大肠埃希菌和枯草芽孢杆菌或大肠埃希菌与金黄色葡萄球菌混合并分装于无菌 EP 管备用。该步骤需在课前完成。

2. 染色液配制

按照以下配方配制染色液，分装于试剂瓶备用。该步骤需在课前完成。

1）草酸铵结晶紫染液

A 液：结晶紫（crystal violet）　　　　　　　　2 g

　　　　95％乙醇　　　　　　　　　　　　　　20 mL

B 液：草酸铵（ammonium oxalate）   0.8 g

       蒸馏水   80 mL

将 A、B 液混匀静置 48 h，过滤后使用。该染液易于沉淀，如有沉淀则不能使用。

2）卢氏（Lugol）碘液

碘   1 g

碘化钾   2 g

蒸馏水   300 mL

先用少量（3～5 mL）蒸馏水溶解碘化钾，再加入碘使之完全溶解，最后加蒸馏水至 300 mL。该液应在棕色试剂瓶存储，如变黄则不能使用。

3）番红染液

番红 O（safranine O）   2.5 g

95% 乙醇   100 mL

溶解成为 2.5% 的番红乙醇溶液，存储于棕色瓶备用，使用时用蒸馏水按照 1∶4 稀释至 0.5% 即可。

3. 实验用品灭菌

本实验采用高温、高压、湿热灭菌法进行灭菌。高压灭菌锅内加去离子水，没过底部刻度线即可。将 EP 管、取液器吸头及牙签放入灭菌锅，121 ℃ 灭菌 20 min。待灭菌锅温度降至 80 ℃ 以下，取出。灭菌过程属高温、高压操作，须严格按照实验室安全规则及仪器使用规则进行。该步骤需在课前完成。

4. 简单染色

本实验要求用草酸铵结晶紫染液染枯草芽孢杆菌，用番红染液染大肠埃希菌，在显微镜下观察两种染色结果。

1）清洁载玻片

从 75% 的酒精盒中取出一片载玻片，用吸水纸擦干，在背面中央画直径 5～10 mm 的圆标记涂片位置，正面中央在火焰上方微微加热，去除油脂，待冷却后使用。

2）涂片

先将菌液摇匀，然后左手持菌液 EP 管，右手持接种环柄，在火焰上灼烧其金属环及金属杆前端灭菌，待接种环充分冷却后，在火焰旁打开 EP 管，将金属环伸入 EP 管菌液内蘸取一环菌液，在备好的载玻片标记部位涂成均匀薄膜。

若从试管斜面上取菌，先将试管帽拧松，方便接种时拔出。左手持试管，右手拿接种环并在火焰上灼烧灭菌，用右手小指、无名指和手掌配合拔下试管帽并夹紧，试管口在火焰上迅速灼烧一圈，将冷却的接种环伸入试管内，轻轻挑取少量菌体，将接种环慢慢从试管内抽出，再次迅速灼烧试管口后，盖上试管帽放入试管架。取菌的操作需保持试管口尽量靠近火焰，试管口朝向斜上方，以免污染。在预先滴加了一小滴无菌水（或用接种环取 1～2 环无菌水）的载玻片上，将接种环上的菌体涂成均匀薄膜。

若从平板上取菌，左手拇指及食指握平皿盖子的侧面，剩余三指托住平皿底部，在火焰旁上抬大拇指，将平皿打开一定角度，将灼烧灭菌并冷却后的接种环伸入平皿内，在其菌落上轻轻挑取少量菌体，在预先滴加了一小滴无菌水的载玻片上涂成均匀薄膜。

使用后的接种环需在火焰上烧去多余的菌体。

3）干燥

涂片后待其自然干燥。

4）热固定

手持载玻片一端，涂片菌膜面朝上，在酒精灯火焰上方通过数次，以手背触碰载玻片背面不烫为宜。

5）染色

在冷却后的载玻片上滴加 1～2 滴草酸铵结晶紫染液或番红染液于菌膜部位，使其完全覆盖菌膜，染色 1 min。

6）水洗

倾斜载玻片，倾去染色液。用洗瓶或滴管自载玻片一端缓慢冲去染液，直至流下的水无色为止。水流勿直接冲洗菌膜处，以免将菌体冲掉。用吸水纸吸干载玻片上多余水分，菌膜处水分不要完全吸干，盖上盖玻片，待镜检。

7）镜检

按照由低倍镜到高倍镜再到油镜的顺序，在普通光学显微镜下观察染色结果，关注并记录细菌的形状、排列方式及颜色。

5. 革兰氏染色（经典法）

本实验要求对大肠埃希菌、枯草芽孢杆菌、金黄色葡萄球菌、环境来源未知菌进行革兰氏染色，并在显微镜下分别观察其染色结果。也可对混合菌液进行革兰氏染色，在显微镜下分辨不同细菌的染色结果。如有兴趣，可对牙垢进行革兰氏染色，检测牙垢中的细菌形态和革兰氏染色性质。

1）制片

按照前法，分别取大肠埃希菌、枯草芽孢杆菌、金黄色葡萄球菌、环境来源未知菌涂片，自然干燥。

2）热固定

手持载玻片一端，涂片菌膜面朝上，在酒精灯火焰上方通过数次，以手背触碰载玻片背面不烫为宜。

热固定时必须注意固定时间及固定温度，以菌体被完全固定在载玻片上同时菌体形态基本保持为宜。防止过度加热造成菌体形态被破坏，或者固定不足造成菌体没有完全黏附在载玻片上，在后续染色过程中造成菌量过少或菌体丢失的情况。

3）初染

滴加 1～2 滴草酸铵结晶紫染液，使之完全覆盖菌膜，染色 1 min，水洗，吸干。

4）媒染

滴加 1～2 滴卢氏碘液，使之完全覆盖菌膜，媒染 1 min，水洗，吸干。

5）脱色

倾斜载玻片，滴加 95% 的乙醇脱色，轻轻摇动载玻片直至流出的乙醇不呈现紫色时，立即水洗，完全洗净乙醇后再吸干。

脱色是革兰氏染色的关键步骤，须严格掌握乙醇的脱色程度，脱色时间一般 20～50 s，与涂片厚度、气温因素均有关系。若乙醇作用时间过长，脱色过度，则可能造成革兰氏阳性菌的假阴性结果；若乙醇作用时间过短，脱色不足，则可能造成革兰氏阴性菌的假阳性结果。

6）复染

滴加 1～2 滴番红染液，使之完全覆盖菌膜，染色 3 min，水洗，用吸水纸轻轻吸干菌膜周围的水。

7）镜检

盖上盖玻片覆盖菌膜部位，按照由低倍镜到高倍镜再到油镜的顺序，在普通光学显微镜下观察染色结果。关注涂片细菌的形态、大小、排列方式和染色结果，区分 G^+ 和 G^- 细菌。

对环境来源未知菌做革兰氏染色时，应同时做一张已知革兰氏阳性菌和阴性菌的混合涂片，作为对照，以确定其革兰氏染色结果。

五、实验记录

显微镜编号：_____文件夹名：_____

1. 普通染色（表 E3.1）

表 E3.1 普通染色记录

序号	菌名	染液	染色结果	细菌形态描述
1	枯草芽孢杆菌			
2	大肠埃希菌			

热固定操作记录：_____

2. 革兰氏染色（表 E3.2）

表 E3.2 革兰氏染色记录

序号	菌名	染色结果	G^+ 或 G^-	细菌形态描述
1	枯草芽孢杆菌			
2	金黄色葡萄球菌			
3	大肠埃希菌			
4	未知菌			
5	牙垢			

热固定操作记录：_____

脱色操作记录：_____

六、思考题

（1）影响革兰氏染色结果的因素有哪些？试从菌种、操作、染色试剂等方面进行分析。

（2）牙垢里微生物种类多吗？简单描述其形态、革兰氏染色结果。

（3）为了得到正确的革兰氏染色结果，需要注意哪些操作？关键步骤是哪些？你在本次实验操作过程中总结了哪些操作注意事项或经验？

参考文献

[1] 陈金春,陈国强.微生物学实验指导[M].2版.北京:清华大学出版社,2007.

[2] 沈萍,陈向东.微生物学[M].8版.北京:高等教育出版社,2016.

[3] 徐德强,王英明,周德庆.微生物学实验教程[M].4版.北京:高等教育出版社,2019.

[4] JOHN P HARLEY. Laboratory exercises in microbiology [M]. 9th ed. New York：McGraw-Hill College,2014.

实验 4　环境因素对微生物生长的影响和紫外线诱变效应

微生物生长是其与环境相互作用的结果，影响微生物生长的因素除营养物质外，还包括物理因素、化学因素和生物因素等，如温度、pH、渗透压、辐射作用、各类化学消毒剂和杀菌剂、抗生素等。利用各种物理、化学或者生物因素可以对微生物的生长、繁殖进行有效控制，趋利避害，使其更有利于满足科研或生产需求。

一、实验目的

（1）了解不同物理、化学及生物因素对微生物生长影响的原理；
（2）掌握检测环境因素对微生物生长影响的方法。

二、实验原理和方法

1. 温度对微生物生长的影响

温度通过影响蛋白质、核酸等生物大分子以及细胞的结构与功能而影响微生物的生长、繁殖和新陈代谢，具体体现在影响酶活性、细胞膜的流动性、物质的溶解度等方面。微生物的最适生长温度从个体生长角度讲是指其分裂一代所需代时最短的培养温度，从群体生长角度讲则为其群体生长、繁殖最快的温度。不同微生物的最适生长温度有所不同，根据微生物生长的最适温度划分，可将微生物分为嗜冷、兼性嗜冷、嗜温、嗜热、超嗜热等类型，它们都有各自的最低生长温度、最适生长温度和最高生长温度这三个重要指标。与高等动物共栖、共生、寄生的绝大多数微生物都属于嗜温菌。

对同一种微生物而言，最适生长温度也并非是其一切生理过程中的最适温度，例如黏质赛氏杆菌（*Serratia marcescens*）的最适生长温度是 37 ℃，但是其合成深红色的灵杆菌素的最适温度为 20～25 ℃。在 25 ℃培养时，随着灵杆菌素的累积，菌落呈现橙黄色到深红色，在 37 ℃培养时则不产色素而使菌落呈无色。但在 37 ℃分离的无色菌落再接种并置于 25 ℃培养后，它产生色素的能力得以恢复，形成的菌落呈红色。

2. 紫外线对微生物生长的影响

紫外线主要作用于细胞内的 DNA，使 DNA 同一条链上或双链之间相邻嘧啶间形成胸腺嘧啶二聚体，引起双链结构扭曲变形，阻碍双链的分开、复制和碱基正常配对，从而抑制 DNA 的复制，最终导致微生物表型变化（如引起一些酶活性的变化或抗药性的变化）或死亡。紫外线照射造成的 DNA 损伤主要通过光复活作用或切除修复作用修复。光复活作用是指在可见光照射下，由生物体内的光解酶（光裂合酶）作用使胸腺嘧啶二聚体解开而使损伤得以修复。切除修复是指在活细胞内不依赖于可见光只通过酶切作用去除嘧啶二聚体的过程，又称暗修复。

紫外线根据照射剂量、照射时间、照射距离的不同，对微生物也会产生不同效应的影响：高剂量、长时间、短距离的照射会杀死微生物，达到紫外杀菌的效果。紫外线杀菌力最强的波长是 226～256 nm 部分，一般通过紫外灯管照射实现。由于紫外线透过物质能力很差，所以只适用于空气及物体表面的灭菌，且照射距离以不超过 1.2 m 为宜。低剂量、短时间、远距离的照射则会有少量微生物个体残存，部分微生物个体的遗传特性发生变异，从而实现紫外线诱变育种的目的。

3. 微生物诱变育种和紫外线诱变

微生物育种是人为地改变微生物细胞的遗传物质结构以获得具有优良性状的微生物菌种的过程。可以采取诱变育种、基因重组、基因工程等遗传学操作手段，其中诱变育种主要是通过物理诱变或化学诱变处理微生物群体细胞，大幅提高随机突变率，再通过简便、快速和高效的筛选方法，挑选出少数符合实验目的的突变株，以供科学实验或生产实践使用。微生物自发突变率极低（大规模生产过程中约 10^{-6} 的突变率），因此诱变育种具有极其重要的实践意义。紫外线作为物理诱变剂应用于工业微生物菌种诱变具有悠久的历史，至今有 80% 左右的抗生素生产菌种是经过紫外线诱变后经筛选获得的。

紫外线诱变的最有效波长为 253～265 nm，一般紫外线杀菌灯所发射的紫外线大约有 80% 是 254 nm。一般紫外线诱变使用 15 W 的 UV 灯，照射距离为 30 cm，在无可见光（只有红光）的诱变室或诱变箱内进行。由于 UV 的绝对物理剂量很难测定，故通常选用杀菌率或照射时间作为相对剂量。一般照射时间不短于 10 s，不长于 20 min，操作简便。实际工作中，突变率往往随着剂量的增加而提高，但达到一定程度后，再提高剂量反而使突变率下降，正突变往往出现在偏低的剂量中，因此大多数诱变工作常采用较低剂量，相对杀菌率为 70%～75% 甚至 30%～70%。

紫外线诱变产生不定向的随机突变，但突变体在整个微生物群体中仍是极少数，要通过高效、简便的方法准确而快速地筛选出符合条件的正突变体。

鉴于紫外线照射损伤的光修复作用，紫外线灭菌时不能同时开着钨丝灯及日光灯，紫外线诱变处理时及处理后的微生物菌种均要避免长波紫外线和可见光的照射，在红光下操作，用双层报纸包裹后培养。

4. 化学试剂对微生物生长的影响

抗微生物剂是能够杀死微生物或抑制微生物生长的化学物质，根据其抗微生物的特性分为抑菌剂和杀菌剂，分别具有抑制微生物生长和杀死微生物细胞的作用。但是，与物理因子相同，化学因子对微生物生长是抑制还是杀死作用并不能完全严格区分开，会因其强度或浓度不同而产生不同效果。不同种类微生物、处于不同生长时期的同一种微生物对化学因子作用的敏感性也不同。

根据使用对象不同可将抗微生物剂分为消毒剂和防腐剂。二者都有杀死或者抑制微生物生长的作用：消毒剂用于非生物物质；防腐剂是用作人体或动物的外用抗微生物药物。常用的化学消毒剂主要包括重金属及其盐类，有机溶剂（酚、醇、醛等），卤族元素及其化合物和表面活性剂等。重金属离子可与菌体蛋白质结合而使之变性或与某些酶蛋白的巯基结合而使酶失活，重金属盐则是蛋白质沉淀剂，或与代谢产物发生螯合作用而使之变为无效化合物；有机溶剂可使蛋白质及核酸变性，也可破坏细胞膜通透性使其内含物外溢；碘可与蛋白质的酪氨酸残基不可逆结合而使蛋白质失活，氯气与水发生反应产生的强氧化剂也具有杀菌作用；染料在低浓度条件下可抑制细菌生长，染料对细菌的作用具有选择性，革兰氏阳性菌普遍比革兰氏阴性菌对染料更加敏感；表面活性剂能降低溶液表面张力，这类物质作用于微生物细胞膜，改变其通透性，同时也能使蛋白质发生变性。

评价化学消毒剂的药效和毒性时，常用 3 个指标：最低抑制浓度（minimum inhibitory concentration，MIC）、半致死剂量（50% lethal dose，LD_{50}）、最小致死剂量（minimum lethal dose，MLD）。

5. 生物因素对微生物生长的影响

生物间的相互关系既多样又复杂，微生物间和微生物与他种生物间的典型关系可分为互生、共生、寄生、拮抗、捕食。拮抗又称抗生，指由某种生物所产生的特定代谢产物可抑制其他生物的生长发育甚至杀死它们。微生物之间的拮抗现象是普遍存在于自然界的。拮抗微生物能产生某种特殊代谢产物，如抗生素具有选择性抑制或杀死其他微生物的作用。截至 2002 年底，在已经发现的 22 500 种次生代谢物中，抗生素占了 16 500 种。不同抗生素的抗菌谱和效价各不相同。某些抗生素只对少数细菌有抗菌作用，例如青霉素一般只对革兰氏阳性菌具有抗菌作用，多黏菌素只对革兰氏阴性菌有作用，这类抗生素称为窄谱抗生素；另一些抗生素对多种细菌有作用，例如四环素、土霉素对许多革兰氏阳性菌和革兰氏阴性菌都有作用，称为广谱抗生素。可以通过抗菌谱试验来检测某一种抗生素的抗菌范围（图 E4.1），在一侧生长的拮抗微生物产生某种抗生素，观察在其侧接种不同种类细菌的生长情况，即可判断其生长是否被抑制，抑制程度如何，以此来测定该抗生素的抗菌范围。

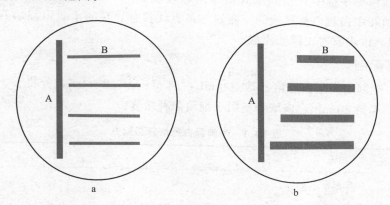

图 E4.1　抗生素抗菌谱试验示意图
a. 接种测试菌及细菌示意图；b. 培养后细菌生长示意图
A 产抗生素的拮抗微生物；B 测试用细菌。

抗生素主要通过五个途径发挥作用：①抑制细胞壁合成。产黄青霉分泌的青霉素与肽聚糖五肽侧链末端 D-丙氨酰-D-丙氨酸结构类似，青霉素与转肽酶结合形成青霉素转肽酶复合物，阻止糖肽链之间的交联，从而破坏细胞壁完整网状结构。青霉素对 G^+ 菌的作用强于 G^- 菌。②破坏细胞膜。③作用于呼吸链以干扰氧化磷酸化。④抑制蛋白质合成。链霉素与原核生物的核糖核酸 30S 亚基结合，从而促进错误翻译，抑制肽链延伸；由于真核生物核糖核酸的构成不同，所以链霉素只作用于原核生物。⑤抑制核酸合成。

三、实验仪器、材料和用具

1. 实验材料

大肠埃希菌、枯草芽孢杆菌、金黄色葡萄球菌液体菌种；黏质赛氏杆菌、环境来源未知菌固体菌种；在平皿一侧已长成一直线状的产黄青霉、灰色链霉菌、泾阳链霉菌平板菌种。

2. 实验试剂

2.5%碘酊、75%酒精、5%苯酚、84 消毒液（1∶200 稀释）、0.2%福尔马林、0.05%龙胆紫、0.01g/L 三氯羟基二苯醚（Triclosan）等常用化学消毒剂。

3. 实验仪器及用具

紫外照射箱、恒温振荡培养箱、隔水式恒温培养箱、取液器及配套吸头、接种环、涂布棒、酒精灯、EP 管、EP 管架、镊子、记号笔、打孔器、滤纸、锡纸、吸水纸。

四、实验内容

1. 菌种培养

将大肠埃希菌、枯草芽孢杆菌、金黄色葡萄球菌接种于牛肉蛋白胨液体培养基中，在恒温振荡培养箱中以 37 ℃、200 r/min 培养 18 h，分装于无菌 EP 管备用。将黏质赛氏杆菌划线接种于牛肉蛋白胨平板中，在隔水式恒温培养箱以 30 ℃培养 18～24 h 备用。将产黄青霉、灰色链霉菌在牛肉蛋白胨平板的一侧划一条直线接种，在隔水式恒温培养箱以 28 ℃培养 2～5 天备用。该步骤需在课前完成。

2. 培养基配制

按表 E4.1 配制牛肉蛋白胨培养基 100 mL，调 pH 至 7.2～7.4，分装于 3 个 100 mL 三角瓶中，121 ℃灭菌 20 min。该培养基用于细菌菌种培养。

表 E4.1　牛肉蛋白胨培养基配方

组分	用量
牛肉粉	5 g
蛋白胨	10 g
NaCl	5 g
自来水	定容至 1000 mL

按表 E4.2 配制牛肉蛋白胨葡萄糖培养基，调 pH 至 7.2～7.4，加入 2%（质量体积比）的琼脂，稍稍晃动三角瓶，用封口膜封好，121 ℃灭菌 20 min。待温度降至 60 ℃左右，将培养基倒入已灭菌的培养皿中，每个培养皿大约倒入 20 mL 培养基，凝固后倒置，用于真菌及放线菌菌种培养。每个小组需准备一个真菌平板和一个放线菌平板，根据学生人数估算所需培养基体积。

表 E4.2　牛肉蛋白胨葡萄糖培养基配方

组分	用量
牛肉粉	5 g
蛋白胨	10 g
葡萄糖	5 g
NaCl	5 g
自来水	定容至 1000 mL

按表 E4.3 配制淀粉培养基 600 mL，调 pH 至 7.2～7.4，平均分装于 3 个 500 mL 三角瓶中，每瓶加入 2%（质量体积比）的琼脂，稍稍晃动三角瓶，用封口膜封好，在 121 ℃ 条件下灭菌 20 min。待温度降至 60 ℃ 左右，将培养基倒入已灭菌的培养皿中，每个培养皿大约倒入 20 mL 培养基，凝固后倒置待用。该步骤需在课前完成。

表 E4.3　淀粉培养基配方

组分	用量
牛肉粉	5 g
蛋白胨	10 g
可溶性淀粉	2 g
NaCl	5 g
水	定容至 1000 mL

3. 实验用品灭菌

本实验采用高温、高压、湿热灭菌法灭菌。高压灭菌锅内加去离子水，没过底部刻度线即可。将 EP 管、取液器吸头、打孔器打成的圆形滤纸片、锡纸放入灭菌锅，121 ℃ 灭菌 20 min。待灭菌锅温度降至 80 ℃ 以下，取出。灭菌过程属高温、高压操作，须严格按照实验室安全规则及仪器使用规则进行。该步骤需在课前完成。

4. 温度对微生物生长的影响

本实验包含两个内容：一是检测黏质赛氏杆菌在不同温度下生长状况及产生色素的能力；二是检测环境来源未知菌的最适生长温度。

用接种环从黏质赛氏杆菌平板上取少许菌苔，在淀粉培养基平板上进行单菌落划线分离。分别置于 25 ℃、30 ℃ 和 37 ℃ 的培养箱培养 24 h，观察菌落大小及颜色。

用接种环从环境来源未知菌平板上取少许菌苔，在淀粉培养基平板上进行单菌落划线分离。分别置于 30 ℃、32 ℃、34 ℃ 和 37 ℃ 的培养箱培养 24 h，观察菌落大小，判断哪个测试温度最接近其最适生长温度。

5. 紫外线杀菌作用

用无菌吸头吸取 100 μL 金黄色葡萄球菌菌液，使之分散于淀粉培养基平板上，用无菌涂布棒将其涂布均匀，剪一张无菌锡纸条遮住部分平板，打开皿盖，置于紫外照射箱内紫外灯正下方照射 5 min，关掉紫外灯，取出锡纸条，盖上皿盖。在红灯下（或黑暗中）用双层报纸包裹，倒置于 37 ℃ 培养箱培养 24 h 后观察结果，对照被遮挡部位及未遮挡部位的菌落生长情况。紫外线照射箱使用前需预热 10～15 min。

6. 紫外线诱变效应

本实验检测的是紫外线对枯草芽孢杆菌产生淀粉酶的诱变效应。

（1）稀释：取枯草芽孢杆菌菌液（菌液浓度为 $10^8 \sim 10^{10}$）0.1 mL，加入 0.9 mL 生理盐水中，稀释为 10^{-1} 的菌液，以此方法依次稀释至 10^{-8}。

（2）涂布：取 $10^{-6} \sim 10^{-8}$ 的菌液 100 μL 涂平板，用 10^{-6} 菌液涂 9 块平板，10^{-7} 和 10^{-8} 菌液，每个稀释度涂 3 块平板。

（3）紫外线照射：将 10^{-6} 菌液的平板分为三组，每组 3 块平板，照射时间分别为 0 s、30 s 和 60 s。在红灯下（或黑暗中）用双层报纸包好照射处理后的培养皿，将其置于隔水式恒温培养箱中，以 37 ℃倒置培养 24 h 后观察并记录结果。10^{-7} 和 10^{-8} 菌液的平板作为对照组，以同样条件培养。

（4）菌落计数：分别统计各稀释度平板上的菌落数，计算经过不同时长紫外线照射处理后的细菌致死率。

（5）诱变效应检测：在紫外线照射处理后的平皿及对照组平皿上，分别选择 5 个左右的单菌落，在菌落上滴加一滴碘液，在菌落周围将出现透明圈，测量透明圈直径及菌落直径，并计算其比值（HC 值）。比较实验组与对照组，将 HC 值明显大于对照组的菌落再次接种到平皿或斜面培养保存，可进一步开展诱变效果研究。

7. 化学因素对微生物生长的影响

（1）用无菌吸头吸取 100 μL 金黄色葡萄球菌菌液于淀粉培养基上，用无菌涂布棒涂布均匀。正置片刻，等菌液全部被培养基吸收。

（2）在培养皿底部，用记号笔将之分成七等份，并在每一区域内标注一种化学试剂的名称。用无菌镊子将无菌圆形滤纸片分别浸入各种试剂中，取出并在试剂容器内壁上刮去多余试剂后，在酒精灯旁将滤纸片放入培养皿相应的区域内。注意每种化学试剂专用一把镊子，防止交叉污染。

（3）将平板倒置于隔水式恒温培养箱中，以 37 ℃培养 24 h 后，观察并拍照记录实验结果。

8. 生物因素对微生物生长的影响

如图 E4.1 所示，在产黄青霉的平板上，从距离产黄青霉菌落约 5 mm 处，分别垂直向外划直线接种大肠埃希菌、枯草芽孢杆菌、金黄色葡萄球菌和环境来源未知菌，将平板倒置于隔水式恒温培养箱中以 37 ℃培养 24 h 后，观察菌落生长情况并拍照记录。

用同样的方法检测灰色链霉菌和泾阳链霉菌的抗菌谱特性。

五、实验记录

1. 温度对微生物生长的影响

表 E4.4　温度对微生物生长的影响（平板观察）

序号	菌名	培养温度/℃	菌落描述（大小、颜色等）
1	黏质赛氏杆菌	25	
		30	
		37	

序号	菌名	培养温度/℃	菌落描述（大小、颜色等）
2	环境来源未知菌	30	
		32	
		34	
		37	

2. 紫外线诱变效应

表 E4.5　紫外线照射枯草芽孢杆菌（稀释度为 10^{-6}）菌落计数

	处理时间/s		
	0	30	60
菌落数			
平均菌落数			
平均致死率	—		

表 E4.6　紫外线照射枯草芽孢杆菌对照组及实验组的菌落透明圈及菌落直径

照射时间/s	菌落 1			菌落 2			菌落 3		
	透明圈/mm	菌落/mm	HC 值	透明圈/mm	菌落/mm	HC 值	透明圈/mm	菌落/mm	HC 值
0									
30									
60									
0									
30									
60									

3. 化学因素对微生物生长的影响

表 E4.7　化学试剂对金黄色葡萄球菌的抑制作用实验

序号	化学试剂名称	抑菌圈直径/mm	抑菌能力
1			
2			
3			
4			
5			
6			
7			

六、思考题

（1）紫外线诱变的机制是什么？紫外线诱变处理过程的注意事项有哪些？

（2）本实验所用真菌和放线菌所产生的抗生素对 G^+ 和 G^- 细菌的作用有何区别？其作用机制是什么？

参考文献

[1] 陈金春,陈国强. 微生物学实验指导[M]. 2 版. 北京:清华大学出版社,2007.

[2] JOHN P HARLEY. Laboratory exercises in microbiology［M］. 9th ed. New York:McGraw-Hill College,2014.

[3] 沈萍,陈向东. 微生物学[M]. 8 版. 北京:高等教育出版社,2016.

[4] 徐德强,王英明,周德庆. 微生物学实验教程[M]. 4 版. 北京:高等教育出版社,2019.

[5] 周德庆. 微生物学教程[M]. 4 版. 北京:高等教育出版社,2020.

实验 5　细菌鉴定中的生理生化反应

新陈代谢是推动生物一切生命活动的动力源和各种生命物质的"加工厂"，是活细胞中一切有序化学反应的总和。微生物代谢类型具有多样性，使其在自然界物质循环中起重要作用，同时为人类开发利用微生物资源提供了更多途径。用生理生化试验的方法检测细菌的代谢作用及代谢产物，从而鉴别细菌的种属，称之为细菌的生理生化反应。作为经典指标之一，细菌生理生化反应也是微生物鉴定中最为常用、最为方便和最重要的数据，也是分子生物学法、数值分析法等现代分类鉴定方法的基本依据。现在，一些标准化和商品化的鉴定系统，如具有代表性的鉴定各种细菌用的"API"系统、"Enterotube"系统、"Minitek"系统和"Biolog"全自动和手动系统，实现了微生物鉴定的简便、快速、微量或自动化，其基本原理也是基于代谢反应的多样性和常规的生理生化反应。

本实验包含细菌对含碳化合物（糖发酵试验、甲基红试验、VP 试验、柠檬酸盐利用试验）和含氮化合物（吲哚试验、硫化氢试验）及生物大分子（淀粉水解试验、明胶液化试验）的代谢研究，从而建立对微生物代谢类型多样性的初步认识，同时学习利用微生物形态、结构及生理生化反应等表型指标对细菌进行初步分类鉴定的方法。

一、实验目的

（1）了解细菌对不同含碳化合物、含氮化合物及生物大分子的分解利用类型，理解微生物代谢类型的多样性；

（2）了解细菌生理生化反应原理，掌握细菌鉴定中的生理生化反应试验方法及它对微生物鉴定的意义；

（3）练习不同的接种方法，观察细菌在各类培养基中的生长现象。

二、实验原理和方法

不同细菌对不同含碳化合物的分解能力、代谢途径、代谢产物不完全相同，糖发酵试验、甲基红试验、伏-普试验及柠檬酸盐利用试验正是利用这样的不同对细菌进行分类和鉴定的。

1. 糖发酵试验

绝大多数细菌都能利用糖类作为碳源和能源，但其分解糖（如葡萄糖、乳糖）的能力差异很大，对糖类分解的方式也多样。有些细菌分解某些糖产生各种有机酸（如乳酸、甲酸、乙酸等）并产生各种气体（如 H_2、CO_2、CH_4 等），有的分解某些糖仅产酸而不产气，有的则能分解某些糖而不能分解别的糖类。例如大肠埃希菌可以分解葡萄糖和乳糖，产酸产气；普通变形杆菌（*Proteus vulgaris*）则只能分解葡萄糖，产酸产气，却不能分解乳糖；伤寒杆菌（*Salmonella typhi*）可以分解葡萄糖产酸不产气，不能分解乳糖。

酸的产生可以利用指示剂来指示。在配制培养基时预先加入溴甲酚紫[pH5.2(黄色)~6.8(紫色)]，若细菌分解糖产酸，可使培养基由紫色变为黄色。气体的产生可通过培养试管中倒置的杜氏小管中有无气泡来证明（图 E5.1）。

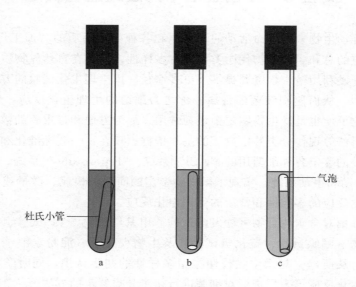

图 E5.1 糖发酵试验示意图

a. 培养前，培养基呈紫色，杜氏小管充满培养基；b. 发酵后产酸不产气，培养基呈黄色；

c. 发酵后产酸、产气，培养基呈黄色，杜氏小管中有气泡。

2. 甲基红试验（methyl red test，MR 试验）

甲基红试验是用来检测细菌在糖代谢过程中产生有机酸的能力的。某些细菌如大肠埃希菌，分解葡萄糖产生丙酮酸，再进一步分解产生甲酸、乙酸和乳酸等混合酸，使培养基的 pH 明显下降至 4.2 以下，加入甲基红指示剂[pH4.4(红色)~6.2(黄色)]，则培养基呈现红色，即 MR 试验为阳性。有些细菌如产气杆菌（*Enterobacter aerogenes*），发酵葡萄糖产生丙酮酸，并继续进行 2,3-丁二醇发酵，产生丁二醇、乙醇及少量有机酸，培养基的 pH 下降不多，大约为 6，此时加入甲基红指示剂，则培养基呈现黄色，即 MR 试验为阴性。

3. 伏-普试验（Voges-Proskauer test，VP 试验）

伏-普试验用来测定某些细菌利用葡萄糖产生非酸性或中性末端产物的能力，其名字来源于德国医生 Daniel Voges 和德国卫生学家 Bernhard Proskauer 的名字缩写，他们证明某些细菌在糖代谢过程中，将葡萄糖分解成丙酮酸，再将丙酮酸缩合脱羧成乙酰甲基甲醇。乙酰甲基甲醇在碱性条件下，可被空气中的氧气氧化为二乙酰，二乙酰与培养基中的蛋白胨中的精氨酸的胍基作用，生成红色化合物，即为 VP 反应阳性。如产气杆菌即为 VP 阳性。若不生成红色化合物，则为 VP 反应阴性。有时为了使反应更为明显，可加入少量含胍基的化合物，如肌酸或肌酸酐等。反应过程如式 5.1 所示。

4. 柠檬酸盐利用试验

柠檬酸盐利用试验用来检测细菌是否能利用柠檬酸盐作为唯一碳源，为其提供能量。

柠檬酸盐培养基是综合性培养基，其中柠檬酸钠为碳的唯一来源，而磷酸二氢铵是氮的唯一来源。有的细菌胞内具有柠檬酸盐渗透酶，它有利于将柠檬酸盐运入细胞，在胞内转变为丙酮酸和 CO_2。培养基中的钠离子和水结合形成碳酸钠，使培养基的碱性增加。在培养基中加入溴麝香草酚蓝指示剂[pH<6（黄色），6<pH<7.6（绿色），pH>7.6（蓝色）]，则培养基的颜色由原来的绿色变为深蓝色，即柠檬酸盐利用试验阳性，如产气杆菌。如果细菌不能利用柠檬酸盐为碳源，在该培养基上则不生长，培养基不变色，即柠檬酸盐利用试验阴性。

（式 5.1）

5. 吲哚试验

不同微生物对不同含氮化合物的分解能力、代谢途径、代谢产物不完全相同。有些细菌含有色氨酸酶，可将蛋白胨中的色氨酸水解（式 5.2），产生丙酮酸、氨和吲哚。丙酮酸和氨可被细菌进一步代谢，而吲哚则不被利用，在培养基中累积。当无色的吲哚与吲哚试剂中的对二甲基氨基苯甲醛结合，可形成红色的玫瑰吲哚（式 5.3），即为吲哚试验阳性，如大肠埃希菌。如果不出现红色，则为吲哚试验阴性。

（式 5.2）

（式 5.3）

6. 硫化氢试验

有些细菌能分解含硫的氨基酸（如胱氨酸、半胱氨酸、甲硫氨酸等）产生硫化氢，硫化氢与培养基中的亚铁盐反应，形成黑色的硫化亚铁沉淀，即为硫化氢试验阳性，如产气杆菌。不产生黑色物质则为硫化氢试验阴性。以半胱氨酸为例（式 5.4），某些细菌中的半胱氨酸脱硫酶将半胱氨酸分解为丙酮酸、氨和硫化氢，硫化氢再与亚铁盐反应形成黑色沉淀物。其化学反应过程如下：

$$CH_2SHCHNH_2COOH + H_2O \longrightarrow CH_3COCOOH + NH_3 + H_2S\uparrow$$
$$H_2S + FeSO_4 \longrightarrow H_2SO_4 + FeS\downarrow (黑色)$$

（式5.4）

在培养基中加入硫代硫酸钠（作为还原剂），使硫化氢不被氧化。如果细菌处于氧气充足的情况下则不会产生硫化氢。因此本实验采用穿刺接种方式。

穿刺接种法是在半固体培养基中，用接种针挑取少量菌苔，直接刺入半固体立柱培养基中央的一种接种法。穿刺接种时，持试管的方法有两种：一种是横握法，它与斜面接种的握法相同；另一种是直握法，试管直立向上，从直立柱培养基中央用接种针自上而下直刺到距离管底1~1.5 cm处，然后将接种针沿原穿刺线拔出；也可以将试管直立向下，接种针自下而上直刺接种。穿刺接种法可以观察细菌的运动能力。如果细菌有运动力，就会沿着穿刺线向四周扩散生长，使穿刺线变粗且周缘不整齐。无运动能力的细菌则仅沿穿刺线生长，穿刺线纤细浓密且整齐。

7. 淀粉水解试验

微生物生长繁殖过程需从外界环境吸收营养物质，其中小分子有机物可以直接被微生物吸收，大分子有机物质如淀粉、蛋白质、脂肪等则需经微生物分泌的胞外酶，如淀粉酶、蛋白酶和脂肪酶等水解酶，将其分解为小分子有机物，使其能够被运输到胞内，才可以被微生物吸收和利用。某些细菌能够分泌淀粉酶，将淀粉水解为糊精、麦芽糖和葡萄糖；脂肪酶将脂肪水解为甘油和脂肪酸；蛋白酶将蛋白质水解为氨基酸等，再被细菌吸收利用。

这些水解过程可以通过观察细菌菌落周围物质的变化来验证。培养基中的淀粉被细菌的淀粉酶水解后，遇碘不再变蓝，平板上菌落周围出现无色透明圈，即为淀粉水解试验阳性；不出现无色透明圈，则为淀粉水解试验阴性。

8. 明胶液化试验

蛋白质和氨基酸一般作为微生物生长的氮源，当缺乏糖类物质时，也可以作为碳源和能源。明胶是一种动物蛋白质，许多细菌能够产生胞外蛋白酶，即明胶酶，它可将明胶水解成小分子物质，破坏其凝胶状态。明胶培养基在25 ℃以下时维持凝胶状态，在25 ℃以上时会自行液化。接种能产生明胶酶的细菌，进行细菌培养，其培养基即使在低于25 ℃的温度时，甚至在4 ℃时，明胶也能维持液化状态，即明胶液化试验阳性，如枯草芽孢杆菌。

三、实验仪器、材料和用具

1. 实验材料

大肠埃希菌、枯草芽孢杆菌、变形杆菌、产气杆菌液体菌种；环境来源未知菌固体菌种。

2. 实验试剂

胰蛋白胨、氯化钠、葡萄糖、乳糖、磷酸氢二钾、蛋白胨、硫酸镁、磷酸氢二铵、磷酸氢二钾、柠檬酸钠、琼脂、柠檬酸铁铵、硫代硫酸钠、牛肉浸粉、可溶性淀粉、明胶、溴甲酚紫、溴麝香草酚蓝、乙醇、甲基红试剂、VP试剂、吲哚试剂。

3. 实验仪器及用具

隔水式恒温培养箱、带帽试管、试管架、杜氏小管、接种环、接种针、取液器及吸头、酒精灯、火柴、记号笔。

四、实验内容

1. 菌种培养

将大肠埃希菌、枯草芽孢杆菌、变形杆菌和产气杆菌接种于牛肉蛋白胨液体培养基中，在恒温振荡培养箱中以 37 ℃、200 r/min 培养 18h，分装于无菌 EP 管备用。该步骤需在课前完成。

2. 培养基配制

按照表 E5.1 配制生理生化反应所需培养基。

配制葡萄糖发酵培养基，分装到试管中，每支 3～5 mL，内倒置排净空气的杜氏小管。每小组 4 支，115 ℃灭菌 30 min 备用。该培养基用于葡萄糖发酵试验。

配制乳糖发酵培养基，分装到试管中，每支 3～5 mL，内倒置排净空气的杜氏小管。每小组 4 支，115 ℃灭菌 30 min 备用。该培养基用于乳糖发酵试验。

配制葡萄糖蛋白胨水培养基，分装到试管中，每支 3～5 mL。每小组 8 支，115 ℃灭菌 30 min 备用。该培养基用于甲基红试验和伏-普（VP）试验。

配制柠檬酸盐培养基，分装到试管中，每支 3～5 mL。每小组 4 支。121 ℃灭菌 20 min 后趁热制成斜面备用。该培养基用于柠檬酸盐利用试验。

配制胰蛋白胨水培养基，分装到试管中，每支 3～5 mL。每小组 4 支。115 ℃灭菌 30 min 备用。该培养基用于吲哚试验。

配制柠檬酸铁铵培养基，分装到试管中，每支 3～5 mL。每小组 4 支。121 ℃灭菌 20 min 备用。该培养基用于硫化氢试验。

配制淀粉培养基，121 ℃灭菌 20 min 后倒入已灭菌的平皿中备用。每小组 1 块平板培养基。该培养基用于淀粉水解试验。

配制明胶培养基，分装到试管中，每支 3～5 mL。每小组 4 支。115 ℃灭菌 30 min 备用。该培养基用于明胶液化试验。

表 E5.1　生理生化培养基配方及配制方法

培养基名称	培养基配方	配制方法
葡萄糖发酵培养基	胰蛋白胨:5 g NaCl:2.5 g 葡萄糖:5 g 水:500 mL	将各成分溶于水中,调 pH 至 7.4～7.6,加入 0.5 mL 的 1.6%溴甲酚紫乙醇溶液,混匀,分装。每管倒置 1 支排净空气的杜氏小管
乳糖发酵培养基	胰蛋白胨:5 g NaCl:2.5 g 乳糖:5 g 水:500 mL	将各成分溶于水中,调 pH 至 7.4～7.6,加入 0.5 mL 的 1.6%溴甲酚紫乙醇溶液,混匀,分装。每管倒置 1 支排净空气的杜氏小管
葡萄糖蛋白胨水培养基	蛋白胨:2.5 g 葡萄糖:2.5 g 磷酸氢二钾:2.5 g 水:500 mL	将各成分溶于水中,调 pH 至 7.2,混匀,分装

培养基名称	培养基配方	配制方法
柠檬酸盐培养基	氯化钠:2.5 g 硫酸镁:0.1 g 磷酸氢二铵:0.5 g 磷酸二氢钾:0.5 g 柠檬酸钠:1 g 琼脂:10 g 水:500 mL	将除琼脂外各成分溶于水中,调 pH 至 6.8,加入琼脂,加热,再加入 1%溴麝香草酚蓝酒精溶液 5 mL,混匀,分装。灭菌后摆成斜面
胰蛋白胨水培养基	胰蛋白胨:5 g NaCl:2.5 g 水:500 mL	将各成分溶于水中,调 pH 至 7.4~7.6,混匀,分装
柠檬酸铁铵半固体培养基	蛋白胨:10 g NaCl:2.5 g 柠檬酸铁铵:0.25 g 硫代硫酸钠:0.25 g 琼脂:4 g 水:500 mL	将除琼脂外的成分溶于水中,调 pH 至 7.2,加入琼脂,加热溶解后混匀,分装
淀粉培养基	蛋白胨:5 g 牛肉浸粉:2.5 g 可溶性淀粉:1 g NaCl:2.5 g 琼脂:10 g 水:500 mL	将除琼脂外的成分溶于水中,调 pH 至 7.2,加入琼脂,灭菌后倒入无菌平皿
明胶培养基	牛肉浸粉:2.5 g 蛋白胨:5 g NaCl:2.5 g 明胶:60 g 水:500 mL	将除明胶外的成分溶于水中,调 pH 至 7.2~7.4,加入明胶,加热,混匀,分装

3. 实验用品灭菌

本实验采用高温、高压、湿热灭菌法进行灭菌。高压灭菌锅内加去离子水,没过底部刻度线即可。将所有生理生化反应培养基用 115 ℃灭菌 30 min 或 121 ℃灭菌 20 min,EP 管若干用 121 ℃灭菌 20 min。待灭菌锅温度降至 80 ℃以下,取出。灭菌过程属高温、高压操作,须严格按照实验室安全规则及仪器使用规则进行。该步骤需在课前完成。

4. 糖发酵试验

取 4 支葡萄糖发酵培养基,标记发酵培养基名称、所接种的菌名和组号(下同)。分别接种大肠埃希菌、变形杆菌及环境来源未知菌,一支不接种作为对照(对照组可以共用,下同)。

另取 4 支乳糖发酵培养基,标记,分别接种大肠埃希菌、变形杆菌及环境来源未知菌,1 支不接种作为对照。

接种后轻轻摇动试管,使其均匀,同时防止气泡进入杜氏小管。将接种好的试管置于 37 ℃培养箱中培养 24 h。观察各管培养基颜色变化及杜氏小管中有无气泡。

5. 甲基红试验

取 4 支葡萄糖蛋白胨水培养基,标记,分别接种大肠埃希菌、产气杆菌及环境来源未知菌，1 支不接种作为对照。将接种好的试管置于 37 ℃培养箱中培养 24 h。

滴加甲基红指示剂数滴，观察培养基颜色变化，呈红色者为阳性，呈黄色者为阴性。

6. 伏-普试验

取 4 支葡萄糖蛋白胨水培养基，标记，分别接种大肠埃希菌、产气杆菌及环境来源未知菌，1 支不接种作为对照。接种好的试管置于 37 ℃培养箱中培养 24～48 h。

滴加 40％ KOH 5～10 滴，再加入等量的 5％ α-萘酚乙醇溶液，用力振荡后放入 37 ℃温箱中保温 30 min，以加快反应速度。观察培养基的颜色变化，呈现红色者为伏-普反应阳性。

7. 柠檬酸盐利用试验

取 4 支柠檬酸盐（citrate）斜面培养基，标记，分别划线接种大肠埃希菌、产气杆菌和环境来源未知菌，1 支不接种作为对照。将接种好的试管置于 37 ℃培养箱中培养 24～48 h。

观察培养基上细菌生长情况及颜色变化。培养基变深蓝色者为阳性，培养基不变色仍呈绿色者为阴性。

8. 吲哚试验

取 4 支胰蛋白胨水培养基，标记，分别接种大肠埃希菌、产气杆菌和环境来源未知菌，1 支不接种作为对照。将接种好的试管置于 37 ℃培养箱中培养 24～48 h。

沿试管壁缓慢滴加数滴吲哚（indol）试剂，观察培养基液面是否出现颜色变化。培养基液面出现红色者为阳性，无红色出现者则为阴性。

9. 硫化氢试验

取 4 支柠檬酸铁铵半固体培养基，标记，采用穿刺接种的方法，分别接种大肠埃希菌、变形杆菌和环境来源未知菌，1 支不接种作为对照。将接种好的试管置于 37 ℃培养箱中培养 24 h。

观察培养基内细菌生长情况及颜色变化，判断细菌运动能力。培养基内形成黑色物质者为阳性。

10. 淀粉水解试验

将淀粉平板培养基等分成六份，标记。采用划线法分别接种大肠埃希菌、变形杆菌、产气杆菌、枯草芽孢杆菌和环境来源未知菌，1 个区域不接种作为对照（图 E5.2）。将接种好的平板置于 37 ℃培养箱中培养 24 h。

图 E5.2　淀粉水解试验接种示意图

在平板上滴加碘液，观察菌落生长情况及菌落周围透明圈是否出现，有透明圈出现者为阳性。

11. 明胶液化试验

取 4 支明胶培养基，标记，采用穿刺接种的方法，分别接种大肠埃希菌、枯草芽孢杆菌和环境来源未知菌，1 支不接种作为对照。将接种好的试管置于 37 ℃培养箱中培养 48 h。

将试管放入 4 ℃冰箱 30 min 后，观察明胶培养基是否有液化情况，有液化者为阳性。

五、实验记录

实验记录如表 E5.2 所示。

表 E5.2　生理生化反应试验结果

试验名称	大肠埃希菌	枯草芽孢杆菌	产气杆菌	变形杆菌	未知菌	对照
葡萄糖发酵试验						
乳糖发酵试验						
甲基红试验						
伏-普试验						
柠檬酸盐利用试验						
吲哚试验						
硫化氢试验						
淀粉水解试验						
明胶液化试验						

六、思考题

（1）在吲哚试验和硫化氢试验中，细菌各分解哪些氨基酸？

（2）IMViC 试验由 4 个试验组成：吲哚试验（I：indol test）、甲基红试验（M：methylred test）、伏-普试验（V：Voges-Proskauer test）和柠檬酸盐利用试验（C：citrate test）。IMViC 试验对快速鉴定肠道细菌有重要作用。大肠埃希菌和产气杆菌的形态和生理学特征有许多相似之处，但是大肠埃希菌是饮用水是否受到污染的重要指标，产气杆菌却与污染没有必然联系。如何用 IMViC 试验将二者区分？对于别的肠道菌群，又如何用IMViC 试验鉴定呢？

（3）假设某种微生物可以有氧代谢葡萄糖，那么发酵试验可能会出现怎样的结果呢？

参考文献

[1] 陈金春,陈国强.微生物学实验指导[M].2 版.北京:清华大学出版社,2007.
[2] JOHN P HARLEY. Laboratory exercises in microbiology[M]. 9th ed. New York:McGraw-Hill College,2014.
[3] 沈萍,陈向东.微生物学[M].8 版.北京:高等教育出版社,2016.
[4] 徐德强,王英明,周德庆.微生物学实验教程[M].4 版.北京:高等教育出版社,2019.
[5] 周德庆.微生物学教程[M].4 版.北京:高等教育出版社,2020.

实验 6　细菌的分子生物学鉴定

　　细菌在生物催化、能源转化及物质循环等方面起非常重要的作用。随着越来越多的细菌被分离、纯化出来，如何快速对其进行分类鉴定也就变得十分迫切。传统的形态学鉴定方法包括表型实验、生理生化实验等，耗时较长，且很多相近种属菌株之间的生理生化实验很相似，较难精准区分，因此，单凭传统的形态学鉴定方法很难快速、准确地对细菌进行鉴定。随着分子生物学研究的不断深入，细菌的分类鉴定也从形态学鉴定发展到了分子水平的鉴定。对细菌 DNA 序列的比对分析可达到区分种属的目的，使鉴定结果更加方便、快速、准确。分子生物学鉴定方法和传统形态学鉴定方法的有机结合也为细菌鉴定提供了更加准确的保障，有利于我们更好地认识细菌、研究细菌和应用细菌。

一、实验目的

　　（1）了解细菌的分子生物学鉴定原理；
　　（2）掌握利用 16S rRNA 基因序列进行细菌分子生物学鉴定的实验方法。

二、实验原理和方法

　　16S 核糖体 RNA（16S ribosomal RNA），简称 16S rRNA，是原核生物核糖体中 30S 亚基的组成部分。由于 16S rRNA 在原核生物中普遍存在，且大小适中（约 1500 bp），具有丰富的遗传变异信息：既含有高度保守的序列区域（能反映物种间的亲缘关系），又有高度变化的序列区域（能反映物种之间的差异）。16S rRNA 基因序列相似性阈值分别为 80%，85%，90%，92%，94% 或 97%，将它们分配给门、纲、目、科、属或种。因此，16S rRNA 被普遍认为是一把好的谱系"分子尺"，被广泛应用于细菌菌种鉴定和系统发育学研究。

　　为了获得 16S rRNA 基因的 DNA 序列，首先需要在体外进行扩增以获得大量的 16S rDNA 片段以供测序。聚合酶链式反应（polymerase chain reaction，PCR）是一种快速扩增特定 DNA 片段的分子生物学技术，能够以指数增长的方式快速扩增特定的 DNA 序列。PCR 反应利用 DNA 在高温时解旋变成单链，降温至适宜的温度（依据引物的长度和 GC 含量确定）后，特异性引物与单链 DNA 进行碱基互补配对，在 DNA 聚合酶催化下再沿着磷酸到五碳糖（$5' \rightarrow 3'$）的方向延伸合成互补链。该步骤往复循环，使得目标片段得到大量扩增。PCR 仪能在变性温度、退火温度、延伸温度之间快速精准切换。

　　通过测序获得待鉴定细菌的 16S rRNA 基因序列信息后，再与 NCBI（National Center for Biotechnology Information）数据库中的序列进行比对，找出相似度最高的菌种信息，从而确定该菌株的微生物种类。

三、实验仪器、材料和用具

1. 实验材料

环境来源未知菌株（由学生从环境中自主分离纯化获得）、大肠埃希菌、金黄色葡萄球菌固体菌种。

2. 实验试剂

$2\times$ Pfu Mix（包含 PCR 缓冲液、dNTPs、DNA 加样缓冲液），特异性引物，DNA Marker，琼脂糖，无菌水，$1\times$ TAE 缓冲液。

3. 实验仪器及用具

PCR 仪、电泳仪、凝胶成像系统、PCR 小管、96 孔板、微量移液器及吸头、无菌牙签等。

四、实验内容

1. 待鉴定菌株 DNA 模板的简易制备

（1）用无菌牙签挑取适量待鉴定单菌落于装有 40 μL 无菌水的 PCR 小管中，搅拌使菌体均匀悬浮于无菌水中。

（2）将 PCR 小管置于 PCR 仪中，98 ℃恒温 10 min 后，降温至室温，作为模板备用。

本实验中，可用大肠埃希菌作为革兰氏阴性菌对照，金黄色葡萄球菌作为革兰氏阳性菌对照，无菌水作为阴性实验对照。

2. 16S rRNA 基因片段的扩增

1）采用 16S rRNA 保守区段引物 PCR 扩增 16S rRNA 基因序列

引物序列：5′-AGAGTTTGATCCTGGCTCAG-3′；

5′-AAGGAGGTGATCCAGCCGCA-3′。

2）PCR 反应体系（50 μL）

$2\times$ Pfu Mix	25 μL
DNA 模板	1 μL
正向引物（10 μmol/L）	2 μL
反向引物（10 μmol/L）	2 μL
ddH$_2$O	20 μL

（3）PCR 反应程序（图 E6.1）

95 ℃预变性 5 min；95 ℃预变性 30 s，56.5 ℃退火 30 s，72 ℃延伸 1.5 min，30 个循环反应；72 ℃延伸 5 min 后结束程序。

具体的 PCR 反应程序可参照试剂使用说明书。

3. PCR 产物凝胶电泳检测（图 E6.2）

（1）制胶：用 $1\times$ TAE 缓冲液作溶剂，配制 1% 琼脂糖溶液，加热溶解。冷却至 60 ℃后加入适当浓度的核酸染料，混匀后倒入胶槽中，插入梳子，凝胶凝固后备用。

（2）上样：PCR 反应结束后，取出 PCR 小管，吸取 8 μL 样品点入浸于 $1\times$ TAE 缓冲液中的凝胶点样孔中，用时需要将 DNA Marker 上样。

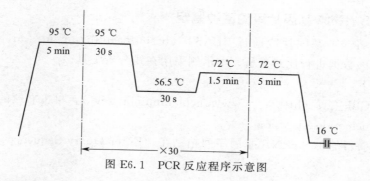

图 E6.1　PCR 反应程序示意图

（3）电泳：电压 180 V，电泳时间 15 min。

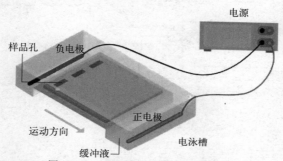

图 E6.2　PCR 产物凝胶电泳示意图

（4）成像：电泳结束后，将凝胶置于成像系统中检测，拍照留存结果。

片段大小正确、无杂带的 PCR 产物可直接送公司进行测序。

4. 16S rRNA 基因片段的获取

测序文件以 ＊.abl 的格式保存。将测序结果用相应的软件（例如 SnapGene）打开，通过测序峰图结果删掉测序质量不高的序列（一般需要"掐头去尾"）后，获取该菌株的 16S rRNA 基因片段（图 E6.3）。

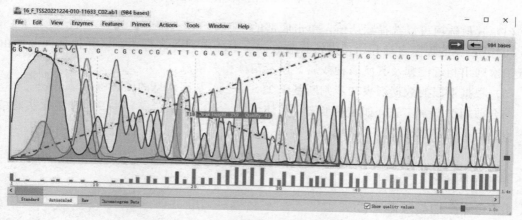

图 E6.3　根据峰图选择质量较高的序列

（掐头去尾，方框所示为需要舍弃的序列）

5. 基于 16S rRNA 基因片段的菌种鉴定

将所得 16S rRNA 基因片段通过 BLAST（basic local alignment search tool）程序与 GenBank 中的核酸数据进行比对分析，本示例采用在线分析工具。

具体步骤如下：

（1）进入 NCBI 主页（https：//www. ncbi. nlm. nih. gov/），单击右侧的 BLAST；

（2）选择 Nucleotide BLAST；

（3）将测序获得的 16S rRNA 基因序列粘贴在"Enter Query Sequence"下方的对话框中（图 E6.4）；

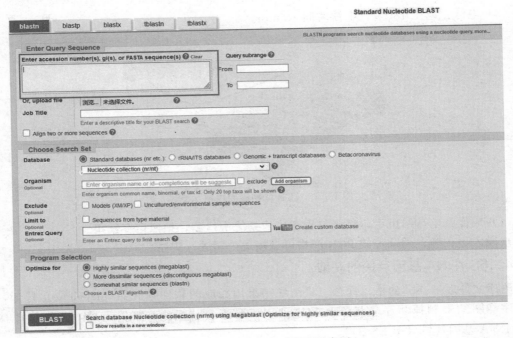

图 E6.4　BLAST 比对流程示意图

（4）其他选项可以选择默认值，单击底部的"BLAST"；

（5）BLAST 程序自动开始搜索核苷酸数据库中的序列并进行比对，并根据同源性由高到低依次列出相近序列及其所属种或属，以及菌株相关信息；

（6）根据返回的数据列表初步判断基于 16S rRNA 基因信息的菌种鉴定结果。

综合前期形态学实验（如菌落形态、菌体形状、革兰氏染色等）以及生理生化实验结果进一步确定待鉴定菌株的分类学地位。

五、实验记录

1. PCR 产物凝胶电泳图

实验结果需要：①标注 DNA Marker 条带大小；②用箭头指明实验样品所在的泳道。③根据电泳图判断 PCR 产物大小是否符合预期，是否有杂带。

2. BLAST 比对结果图（表 E6.1）

表 E6.1　16S rRNA 基因比对结果记录

序号	描述 (description)	学名 (scientific name)	最高分 (max score)	相似度配比 (percent identity)	比对长度 (accession length)
1					
2					
3					
4					
5					
6					

BLAST 比对结果会依据相似度配比（percent identity）值由高到低排列，一般记录最高的 6 个结果即可。由于 NCBI 数据库中的注释质量参差不齐，一般将相似性大于 97％认定为同一属的微生物的观点比较严谨。根据 16S rRNA 比对结果确定菌株的属后，可通过查阅资料确定其形态学特征、革兰氏阴性或阳性、生理生化反应结果等，进一步再与前期形态学实验以及生理生化实验结果进行比较，综合判断未知菌的分类学地位。

表 E6.2　未知菌形态学及生理生化反应实验结果记录

实验名称	前期实验结果	查阅资料实验结果
菌落形态特征		
单菌株形态		
革兰氏染色		
葡萄糖发酵试验		
乳糖发酵试验		
甲基红试验		
伏-普试验		
柠檬酸盐利用试验		
吲哚试验		
硫化氢试验		
淀粉水解试验		
明胶液化试验		

注：菌落在不同培养条件下会呈现不同的菌落形态。

六、思考题

（1）为什么选用 16S rRNA 作为菌种鉴定和系统发育的工具？

（2）用什么分子生物学方法鉴定真核微生物？为什么？

参考文献

[1] WOESE C R. Bacterial evolution[J]. Microbiol Rev, 1987, 51(2): 221-271.

[2] 陈飞, 吴红艳, 桓明辉, 等. 菌种 11371 16S rRNA 序列分析及鉴定[J]. 生物技术通报, 2011, 3: 170-174.

实验 7　微生物的大小测量和显微镜直接计数法

　　微生物个体生长是指细胞内的物质有规律、不可逆地增加使得细胞体积扩大的过程；微生物群体生长是在一定时间和条件下细胞数量的增加，其实质是繁殖。微生物细胞的大小是其基本形态特征之一，不同种类微生物细胞大小有显著差异。微生物群体中的个体数目可以客观地评价培养条件、营养物质对微生物的影响，反映微生物生长的规律。

　　本实验利用显微镜和测微尺测量酿酒酵母菌细胞的大小，并用显微镜和血细胞计数板对酿酒酵母菌进行直接计数，计算其总菌数。从个体生长和群体生长两个维度了解微生物的生长特征和规律。

一、实验目的

　　（1）学习利用测微尺测量微生物细胞大小的方法；
　　（2）学习利用显微镜和血细胞计数板进行直接计数的方法，掌握测定微生物总菌数的方法；

二、实验原理和方法

1. 测量微生物的大小

　　测微技术是指使用测微尺测量微生物的细胞大小，测微尺包含目镜测微尺和物镜测微尺两部分。目镜测微尺是一块放入显微镜目镜筒中的圆形玻片，玻片中央有 50 或 100 等分的刻度（图 E7.1a）。物镜测微尺是中央部分刻有精确等分线的专用载玻片，一般是将 1 mm 等分为 100 格，每格为 0.01 mm（10 μm）（图 E7.1b）。目镜测微尺每小格大小是随显微镜的不同放大倍数而改变的，因此在使用不同物镜观察时，必须先用物镜测微尺标定目镜测微尺，以求出此时目镜测微尺每小格所代表的实际长度，然后根据微生物细胞相对于目镜测微尺的格数，计算出细胞的实际大小。

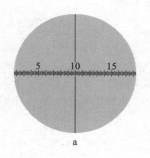

a

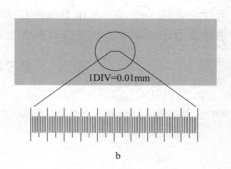

1DIV=0.01mm

b

图 E7.1　测微尺
a. 目镜测微尺；b. 物镜测微尺

2. 微生物的数量测定

测定微生物群体生长的方法很多，计数法是常用方法之一，通常用来测定样品中所含细菌、酵母菌等单细胞微生物数量或呈丝状生长的真菌、放线菌所产生的孢子数。计数法可以分为直接计数法和间接计数法。直接计数法是使用血细胞计数板或细菌计数板，配合显微镜，直接对样品中的细胞或孢子逐一进行计数，所得结果是包含所测微生物的死细胞在内的总菌数。如果配合特定的染色方法，也可分别计算活菌数和总菌数。间接计数法包括平板菌落计数法、比浊法、重量法等。根据不同的实验对象和实验目的可采取不同的方法。

将经过适当稀释的微生物细胞或孢子悬液，加到血细胞计数板的计数室中，在显微镜下逐格计数。由于计数室的容积是固定的，故可将在显微镜下计得的菌体细胞数（或孢子数）换算成单位体积样品中的总菌数。这种方法简便快速，适用于个体较大的酵母菌和霉菌孢子的数量测定。测定细菌数量则误差较大，可以选择细菌计数板测定细菌数量。

血细胞计数板是一块特制的载玻片，玻片上有 4 条纵向槽和 1 条横向槽，将玻片的中央分割成上下两个平台，这两个平台比两边的平台低 0.1 mm，每个平台上刻有由 9 个大方格组成的一个方格网，中央的大方格即为计数室。计数室边长为 1 mm，面积为 1 mm^2。盖上盖玻片后，计数室的容积为 0.1 mm^3（图 E7.2）。

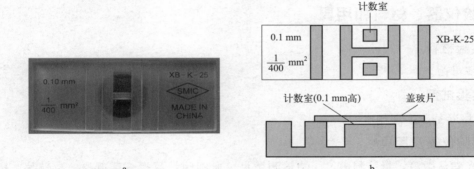

图 E7.2　血细胞计数板实物及示意图

a 血细胞计数板实物图；b 血细胞计数板示意图（上：俯视图，下：侧视图）

血细胞计数板有两种规格：一种是 25×16，就是将计数室分为 25 个中格，每个中格分为 16 个小格（图 E7.3）；另外一种是 16×25，即将计数室分为 16 个中格，每个中格分为 25 个小格。二者都是共 400 个小格组成一个计数室。

血细胞计数板上的数字及符号分别提供了该计数板的信息，例如：XB-K-25 代表计数板的型号和规格，即该计数板是 25×16 型，有 25 个中格；0.10 mm 代表计数室盖上盖玻片以后计数室的高度；1/400 mm^2 代表计数室每个小格的面积，整个计数室分 400 个小格。

3. 酵母菌的细胞形态

酵母菌属于单细胞的真核微生物，其细胞一般呈卵圆形、圆形、圆柱形或柠檬形。大小为（1～5）μm×（5～30）μm，最大可达到 100 μm。每种酵母菌细胞有一定的形态、大小，但也会随着菌龄和环境条件而发生变化。即使在纯培养中，细胞的形状、大小也会有差别。

酵母菌通常以芽殖或者裂殖方式进行无性繁殖，极少数种可以通过结合形成子囊进行有性繁殖，内生子囊孢子。酿酒酵母菌（*Saccharomyces cerevisiae*）可以进行芽殖或在特定培

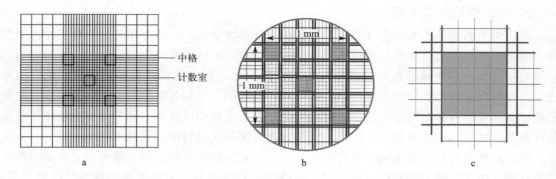

图 E7.3　显微镜下血细胞计数板（25×16 型）示意图

a 4× 物镜下观察到计数板上的方格网，中央大方格为计数室；

b 10× 物镜下观察到的计数室，由 25 个中格组成，每个中格的边缘为双线；

c 40× 物镜下观察到的中格，每个中格由 16 个小格组成。

养条件下进行有性繁殖。在观察及测量其细胞时，可注意其芽体或子囊形态。酿酒酵母菌由于在实验室条件下容易培养，结构简单，容易进行遗传分析，是研究真核遗传的模式生物。

三、实验仪器、材料和用具

1. 实验材料

酿酒酵母菌。

2. 实验试剂

YPD 培养基、生理盐水。

3. 实验仪器及用具

普通光学显微镜、目镜测微尺、物镜测微尺、血细胞计数板、盖玻片、载玻片、镊子、取液器及吸头、滴管、EP 管、EP 管架。

四、实验内容

1. 菌种培养

将在斜面培养基上培养了 24 h 的酿酒酵母菌种，接种于 YPD 液体培养基中，在 28 ℃温度和 200 r/min 转速条件下培养 24 h，待用。该步骤需在课前完成。使用前，用无菌生理盐水稀释 20～30 倍，至血细胞计数板上每个中方格有 20～30 个细胞为宜，分装于 1.5 mL EP 管中，备用。

2. 实验用品灭菌

本实验用高温、高压、湿热灭菌法灭菌。高压灭菌锅内加去离子水，没过底部刻度线即可。将 YPD 液体培养基、50 mL 生理盐水、EP 管、取液器吸头放入灭菌锅，在 121 ℃条件下灭菌 20 min。待灭菌锅温度降至 80 ℃以下，取出。灭菌时，装液体积不应超过三角瓶体积的一半。灭菌过程属高温、高压操作，须严格按照实验室安全规则及仪器使用规则进行。该步骤需在课前完成。

3. 微生物的大小测定

（1）校正目镜测微尺

用装有目镜测微尺的目镜替换显微镜的一侧目镜，把物镜测微尺置于载物台上，注意正面朝上。先用低倍镜（4×、10×）观察，聚焦物镜测微尺有刻度的部分后，再换高倍镜（40×）聚焦，最后用油镜（100×）校正。如果物镜测微尺上没有盖玻片，则需滴加适量水于物镜测微尺的标尺上，盖上盖玻片，再滴油观察。校正时，通过目镜观察，转动目镜使目镜测微尺与物镜测微尺的刻度平行，移动物镜测微尺，使其上某一刻度线与目镜测微尺上的某刻度线重合，在视野中寻找下一个两尺刻度重合处，并记录两重合线间目镜测微尺的格数和物镜测微尺的格数（图 E7.4）。校正完毕，清洁并收好物镜测微尺。

已知物镜测微尺每格长度为 10 μm，按式 7.1 可以计算出不同物镜下目镜测微尺每格的实际长度。

$$目镜测微尺每格长度（\mu m）=\frac{两重合线间物镜测微尺格数}{两重合线间目镜测微尺格数}\times 10 \qquad （式 7.1）$$

例如：用 100 倍物镜进行校正，两重合线间目镜测微尺有 50.0 格而物镜测微尺有 5.0 格，则目镜测微尺每格长度为 5.0/50.0×10 μm＝1.0 μm，

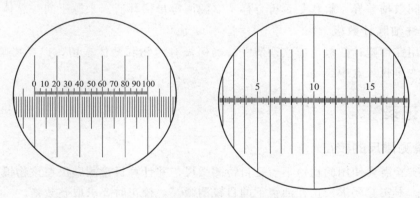

图 E7.4　目镜测微尺的校正

（2）酿酒酵母菌细胞大小的测定

将一滴稀释后的酿酒酵母菌培养液滴在洁净的载玻片上，盖上盖玻片，用镊子压紧盖玻片，吸去盖玻片边缘的多余菌液，使玻片上的酵母菌尽量不动，以便测量。将装片置于载物台上，先用低倍镜聚焦，再用高倍镜观察，往盖玻片上滴加适量镜油，再换油镜观察。转动目镜，用目镜测微尺来测量酵母菌菌体的长、短轴，记录其所占目镜测微尺的格数（估计到小数点后一位数）。测出的格数乘以目镜测微尺每格所代表的长度，即为酵母菌长、短轴的实际大小。

在同一装片上测量 10 个细胞的大小，并计算平均值。

4. 微生物的数量测定（显微镜直接计数法）

（1）清洁计数室

加样前，先对血细胞计数板的计数室进行镜检，若有污物或黏附的微生物细胞，先用自来水冲洗，再用酒精棉球擦拭计数室所在位置，然后用擦镜纸擦拭，晾干即可。用同样方法清洁盖玻片备用。

（2）制作临时计数装片

将血细胞计数板中间平台盖上干净的盖玻片。用无菌滴管或吸头将酿酒酵母菌稀释液悬吹数次，以充分混匀细胞，并使滴管或吸头内壁吸附完全后，吸取约 10 μL 缓慢从盖玻片上下边缘处滴加菌液，让菌液沿盖玻片与计数板间的缝隙靠毛细渗透作用自动进入计数室并充满。用镊子向下轻压盖玻片，以避免因菌液过多将盖玻片浮起而改变计数室的实际容积。随后将计数板置于显微镜的载物台上，静置 1 min，使菌体自然沉降稳定。

（3）用 40× 物镜观察计数

先用低倍镜找到计数室及酵母菌细胞，再换高倍镜进行计数。注意调节显微镜的光线强度及聚光器的位置及孔径光阑，使酵母菌细胞及计数室同时清晰可见。记录每个计数室的左上、右上、左下、右下及中央共 5 个中方格（共 80 小方格）的酵母菌细胞数。按式 7.2 计算每毫升酵母菌液中的细胞数。两个计数室的酵母菌细胞数均需计数。

$$酵母菌液中的细胞数（个/mL）= \frac{5 个中方格内的细胞总数}{80} \times 400 \times 10^4 \times 稀释倍数$$

（式 7.2）

重复步骤（2）和（3）5 次，分别记录 10 个计数室的实验数据，与另外两名实验者比较组内及组间数据差异，解释是否符合样本（酿酒酵母稀释液）来源于同一总体的假设。

（4）清洗细胞计数板

每次使用完细胞计数板，应立即清洗，确保没有污物和菌体残留，以免影响下次使用。实验完毕，洗净收入盒中。

五、实验记录

1. 目镜测微尺的校正

在后续实验需要使用的物镜下校正目镜测微尺，并计算目镜测微尺在该物镜下每格代表的实际长度。本实验要求校正在油镜下的目镜测微尺，校正时要求取整数格。

表 E7.1　目镜测微尺校正

放大倍数	目镜测微尺格数	物镜测微尺格数	目镜测微尺每格长度/μm
100× 物镜			

2. 酿酒酵母的大小测定

表 E7.2　酿酒酵母长、短轴长度测定

细胞轴格数	细胞序号									
	1	2	3	4	5	6	7	8	9	10
细胞长轴（格数）										
细胞短轴（格数）										
细胞轴格数	细胞序号									
	11	12	13	14	15	16	17	18	19	20
细胞长轴（格数）										
细胞短轴（格数）										

酵母长轴平均值(μm)＝＿＿＿±＿＿＿（保留小数点后 2 位）

酵母短轴平均值(μm)＝＿＿＿±＿＿＿（保留小数点后 2 位）

3. 酿酒酵母细胞计数

表 E7.3　酿酒酵母细胞计数

稀释倍数：＿＿＿＿＿＿＿＿＿＿＿

计数室	中方格细胞计数					中方格细胞总数/个	平均值±偏差	原菌液菌数±偏差 /(个/mL)[*]
	左上	左下	右上	右下	中			
1								
2								
3								
4								
5								
6								
7								
8								
9								
10								

注：[*] 原菌液中酵母细胞总数用科学计数法表示，注意有效数字的选取。

六、思考题

（1）为什么当更换不同放大倍数的物镜时，必须用物镜测微尺重新对目镜测微尺进行标定？

（2）假设酵母菌是标准的椭球体（$v=4/3\pi abc$，其中 a 与 b 为短半轴，c 为长半轴），根据测量结果试计算酵母菌培养液中酵母菌的体积百分比。

（3）根据包括自己在内的三个不同实验者的酿酒酵母细胞计数结果，试用统计学方法解释该实验数据是否符合样本来源于同一总体的假设。

参考文献

[1] 李玉明,王洪钟,李鹏.大学生物学实验指导[M].北京:高等教育出版社,2022.

[2] 陈金春,陈国强.微生物学实验指导[M].2 版.北京:清华大学出版社,2007.

[3] JOHN P HARLEY. Laboratory exercises in microbiology[M].9th ed. New York:Mc Graw-Hill College, 2014.

[4] 徐德强,王英明,周德庆.微生物学实验教程[M].4 版.北京:高等教育出版社,2019.

第2节 设计型实验

实验 8 基于正交实验设计的细菌生长曲线测定

影响微生物生长的因素有菌种因素、环境因素等。细菌的生长曲线是根据细菌的生长特性将细菌接种到适合的液体培养基中，在一定的培养条件下定时测定其中的细菌数量，绘制出以培养时间为横坐标，以细胞数量（或细胞干重）的对数值为纵坐标的曲线，它反映了细菌的群体生长规律。正交实验是用正交表进行设计的研究多因子、多水平组合的实验方法，具有均匀分散、整齐可比的特点，可以用少量实验寻找最佳因子组合，优化实验条件。

一、实验目的

（1）了解典型的细菌生长曲线特征；

（2）学习用比浊法间接测定细菌生长的方法；

（3）学习正交实验设计。

二、实验原理和方法

1. 典型的细菌生长曲线特征

典型的单细胞微生物生长曲线分为四个阶段（图 E8.1），即迟滞期（调整期）、对数期

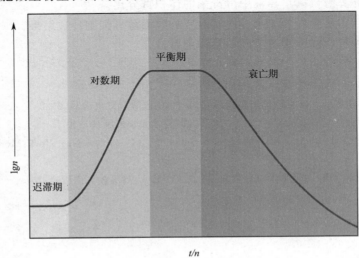

图 E8.1 微生物生长曲线示意图

（生长期）、平衡期（稳定期）、衰亡期。

（1）迟滞期：细菌从原菌培养基接入新的培养基时，一般并不立即开始生长和繁殖，而是要经过一定时间的适应后，才有新的子细胞产生。在迟滞期，细胞并不繁殖，细胞数量维持恒定，只是细胞体积增大，原生质变得均匀，细胞内各种储藏物渐渐消失，生理活性、代谢机能开始活跃，并逐渐进入对数期。迟滞期的长短与菌种的遗传特性、菌龄、接种时间、培养条件、新培养基的营养物成分等有关。工业上常常用遗传学方法改造"种子"菌种、接种处于对数期的菌种、调整培养基配方、改变接种量等方法尽量缩短迟滞期。

（2）对数期：是细胞生长、繁殖最旺盛的时期。细胞经过前一段的诱导适应后，如果在各种条件均适宜、营养物也足够的情况下，就能以最大速率进行生长和分裂繁殖，所繁殖的总细胞增加可用 2^n 来表示。对数期细胞呈平衡生长，细胞内物质均衡增加，其细胞大小一致，生活力强，代谢活性和酶活性高而稳定。它是微生物研究的良好材料和生产中接种的最佳菌种。对数期的长短主要取决于菌种的特性，其次是营养物浓度和培养条件。

（3）平衡期：当细胞的繁殖速度达到最高峰时，细胞分裂增加的数量与细菌死亡数量接近平衡，细胞总数不再增加，活细菌数达到最高并维持稳定。这是由于上两阶段的糖类营养物质的消耗和代谢产物（如乙醇、乙酸等）的积累以及培养基中 pH 值、氧化还原电势的改变，对细胞产生了较大的抑制性。平衡期细胞总数处于稳定状态，细胞内合成次生代谢产物，胞内出现储藏物质，芽孢菌产生芽孢。平衡期的长短与菌种及环境条件均有关系，菌种性能、培养基的营养物浓度和代谢产物的抑制作用程度、培养基 pH 值、培养条件均会影响平衡期的长短。在工业生产上，常在平衡期的后期收获代谢产物。

（4）衰亡期：平衡期后，如果再继续培养，由于细胞生长条件的进一步恶化，细胞内分解代谢超过合成代谢，细胞总数不再稳定，细胞的死亡速度超过繁殖速度，死亡细胞数逐渐增加，活菌数急剧减少，细菌群体出现负生长。衰亡期细胞活性降低，细胞衰老，细胞出现不规则的衰退形态，形态多样，产生或释放次生代谢产物，细胞发生自溶。衰亡期的长短也与菌种和环境条件相关。

生长曲线可以展现细菌从开始生长到死亡的动态过程。不同的细菌或同一种细菌在不同的培养条件下均有不同的生长曲线。因此，通过细菌生长曲线可以了解细菌的生长规律，这对科研及生产都有重要的指导意义。

2. 细菌生长曲线的测定方法

微生物生长的测定方法有计数法、重量法、生理指标法等。计数法包括直接计数法和间接计数法。直接计数法是利用血细胞计数板或细菌计数板的计数法，间接计数法包括平板菌落计数法、比浊法。重量法包含测量细胞干重或湿重及测量蛋白质或 DNA 的方法。生理指标法是指通过测定呼吸强度、耗氧量、酶活性、生物热等生理指标进行微生物生长的测定方法。根据微生物的生长特性、生理特性及实验条件，可选择适合的方法进行微生物生长的测定和评价。

本实验是利用比浊法，即用分光光度计测定细菌悬液的光密度值（即 OD 值）来测定细菌生长曲线。比浊法是基于光吸收的基本定律——Beer-Lambert 定律，光被吸收的量与光程中产生光吸收的分子数目成正比（式 8.1）。

$$A = \lg(1/T) = Kbc \tag{式 8.1}$$

其中，A：吸光度；T：透射比；K：摩尔吸光系数；b：吸光层厚度（cm）；c：吸光物质浓度（mol/L）。

Beer-Lambert 定律成立的条件是待测物为均一溶液，因此理论上细菌的培养悬液并不直接适用于该定律。但根据诸多文献及实验经验，在细菌处于对数生长期时，在一定的浓度范围内，细菌培养悬液可以当作是细菌作为均一粒子的溶液，此时，细菌悬液的菌体浓度与其光密度成正比，所以可通过测定细菌悬液的光密度来推知菌液的浓度。将所测得的光密度值（例如 OD_{600}）与对应的培养时间作图，即可绘出该菌在一定条件下的生长曲线。

从生长曲线可以算出对数期细胞每分裂一次所需要的时间，即代时，以 G 表示（式8.2）。其计算公式为：

$$G = (t_2 - t_1)/[(\lg W_2 - \lg W_1)/\lg 2] \tag{式8.2}$$

其中 t_1 和 t_2 为所取对数期的两点的时间，W_1 和 W_2 分别为相应时间测得的细胞含量（g/L）。基于比浊法的原理，亦可用细菌培养液的 OD 值替代细胞含量值并套用以上公式进行代时的计算。

3. 正交实验设计

在微生物学的科学研究中，往往会出现诸多因素同时对实验结果产生作用的情况，全面实验设计实验量大，效率不高。正交实验设计是研究多因素、多水平的一种实验设计方法，根据正交性从全面实验中挑选出部分具有代表性的"点"进行实验，这些代表性的点具有"均匀分散，齐整可比"的特点，其性质体现在以下方面：在正交表中，①每列中每个水平（数字）出现的次数相等，表明每个因子的每个水平参与实验的概率相等；②将任意两列中同一行的数字看做一个数对，每种数对出现的次数相等，保证了试验点均匀地分散在因子和水平的完全组合之中，具有代表性。正交实验设计是一种高效率、快速、经济的实验设计方法，该方法能均匀挑选出代表性强的少数实验方案，从少数实验结果选出较优的方案，并可以同时得到实验结果之外的更多信息。当然，正交实验设计也有其局限性，只适用于水平数较低的实验。相较于平行实验，正交设计并非最精简的实验方法。

正交实验设计包含确定考核指标、挑选因素及水平，设计正交表，设计实验方案，进行实验结果统计及其分析。

正交实验设计的核心是正交表的使用。各因素水平相等的正交表记作 $L_n(r^m)$，其中 L 是正交表代号，n 表示正交表横行数，也就是实验次数，r 表示因素水平数，m 表示正交表纵列数，也就是因素个数。例如最简单的正交表 $L_4(2^3)$（表 E8.1）。

表 E8.1　$L_4(2^3)$ 正交表

列号	因素		
	1	2	3
1	1	1	1
2	1	2	2
3	2	1	2
4	2	2	1

对各因素水平数不完全相同的，可以采用混合水平正交表。例如有四水平的一个因素和两水平的四个因素，可使用正交表 $L_8(4 \times 2^4)$。第二种方式也可以采用拟水平法，即将低水平的因素数凑足，再查阅使用适合的正交表。

用正交表安排实验时，根据因素和水平个数的多少及实验量的大小来选择正交表，同时，如果考虑因素之间的交互作用，则也要参考正交表后附的交互作用表，专门用于安排交互作用实验。本实验不涉及该内容，故不做更多说明。

正交实验设计还包括统计分析实验结果，寻找不同因素、不同水平的最优组合设计。可以用直观分析、方差分析、显著性检验等方法分析正交设计实验数据。例如对不同水平下各因素的数据求平均，计算其均值，并求得各因素水平不同所造成的实验结果的极差。均值最大项所对应水平组合出最优实验方案，极差最大者对实验结果的影响最大。需要注意的是，这样寻找的最优组合可能是正交实验设计中没有出现过的，因此是否真正符合客观实际，还需要通过实验或者生产实际验证。直观分析法比较简单易懂，但是不能区分某因素各水平所对应的差异究竟是因素水平不同引起的，还是试验误差引起的，而方差分析正好能弥补这个不足。也可使用一些软件或者专业网站如 SPSSAU 数据分析网站进行辅助分析。

4. 液体及固体菌种接种法

液体菌种通常采用取液器接种。右手持取液器，调节至合适的刻度，在酒精灯火焰附近无菌区打开取液器吸头盒子，将取液器垂直插在吸头上轻轻左右晃动，插紧吸头。左手持种子液三角瓶底部，轻轻晃动以混匀菌液，倾斜靠近酒精灯火焰附近无菌区，用右手将封口膜取下并握在手心内，将取液器按压至第一停点位置并垂直伸入三角瓶液面下，慢慢松开取液器吸取菌液，将封口膜覆在三角瓶上，置于桌面。左手持待接种的三角瓶底部，倾斜靠近酒精灯火焰附近无菌区，右手将封口膜取下并握在手心，将取液器垂直伸入三角瓶内慢慢按压放出菌液，直至第二停点将菌液全部接入。将封口膜覆在三角瓶上并用皮筋扎紧，完成接种。

固体菌种接种通常采用接种环接种法。右手持接种环，手握环柄，将镍铬丝放在火焰外焰灼烧数秒，同时将环以上的金属部分通过火焰以杀死其上的微生物。左手大拇指及食指握住菌种平皿盖子侧面，另外三指托在平皿底部，在酒精灯火焰周围无菌区域略抬起大拇指打开平皿一侧，尽量让开口方向冲着酒精灯的火焰方向。将灭菌后的接种环伸入平皿内，使环部轻轻接触平皿盖子内壁或培养基上没有菌生长的部位，让环迅速冷却，再将接种环置于菌苔或单菌落上，用其前端挑取适量菌体，取出接种环至无菌操作区，合上平皿，置于桌面。左手持待接种的三角瓶底部，倾斜靠近酒精灯火焰附近无菌区，右手将封口膜取下并握在手心，将接种环伸入三角瓶液面下，轻轻晃动让菌体完全进入培养基内，取出接种环，将封口膜覆在三角瓶上并用皮筋扎紧，完成接种。将接种环环上金属部分及环部在火焰上再次灼烧以杀死残留的菌体。

三、实验仪器、材料和用具

1. 实验材料

大肠埃希菌、枯草芽孢杆菌、金黄色葡萄球菌液体菌种及平板。

2. 实验试剂

牛肉粉、蛋白胨、氯化钠、葡萄糖、氢氧化钠。

3. 实验仪器及用具

高压灭菌锅、恒温振荡培养箱、分光光度计、取液器及吸头、比色皿、三角瓶、接种环、酒精灯、火柴、记号笔。

四、实验内容

1. 菌种培养

将大肠埃希菌、枯草芽孢杆菌、金黄色葡萄球菌接种于牛肉蛋白胨液体培养基中，在恒温振荡培养箱中以 37 ℃、200 r/min 培养 18 h；将大肠埃希菌、枯草芽孢杆菌、金黄色葡萄球菌接种于牛肉蛋白胨固体培养基中，在隔水式恒温培养箱中以 37 ℃ 培养 24 h。该步骤需在课前完成。

2. 培养基配制

按照表 E8.2 配制牛肉蛋白胨葡萄糖培养基，注意其中 NaCl 用量有两种配方。调 pH 至 7.2～7.4，分装至 250 mL 三角瓶中。每瓶分装 100 mL。在 121 ℃ 条件下灭菌 20 min。该步骤需在课前完成。

表 E8.2 牛肉蛋白胨葡萄糖培养基配方

组分	用量
牛肉粉	5 g
蛋白胨	10 g
葡萄糖	10 g
NaCl	0 g/5 g
去离子水	定容至 1000 mL

3. 实验用品灭菌

本实验采用高温、高压、湿热灭菌法进行灭菌。高压灭菌锅内加去离子水，没过底部刻度线即可。将取液器吸头放入灭菌锅，在 121 ℃ 条件下灭菌 20 min。待灭菌锅温度降至 80 ℃ 以下，取出。灭菌过程属高温、高压操作，需严格按照实验室安全规则及仪器使用规则进行。该步骤需在课前完成。

4. 正交实验表设计

本实验需自行查阅、设计正交实验表，以检测大肠埃希菌、枯草芽孢杆菌、金黄色葡萄球菌在不同培养条件下的生长状态，并寻找其中最适合的培养条件。涉及的因素和水平如表 E8.3 所示。

表 E8.3 本实验设计中的因素及水平

水平	因素			
	培养基	温度/℃	转速/(r/min)	接种量/mL
1	含 NaCl	30	100	1
2	不含 NaCl	37	200	2
3				4
4				一环固体菌种

5. 利用比浊法测定细菌生长曲线

在培养过程中，从 0 h 起，每半个小时取样一次，以培养基或蒸馏水作为参比，测定培

养液的 OD_{600} 或 OD_{620} 或 OD_{650}，同时测定培养起始及结束时培养液的 pH 值。培养时间为 7 h。

选用 4 mL 比色皿；取 500 μL 培养液加入到 2000 μL 蒸馏水中，稀释五倍进行测量。当测量 OD 值大于 0.8 时，下一次测量需进一步稀释，使得测量值总是小于 0.8。使用测量值绘制（OD_t-OD_0）-T 曲线。

注意操作过程中应尽量减少系统误差，固定测量波长，固定参比液及培养液的比色皿，固定稀释使用的取液器，固定使用的分光光度计。取样时暂停震荡培养箱，迅速取样后即刻恢复震荡培养，取样时间从培养时间内扣除。

五、实验记录

1. 正交实验表设计

2. 比浊法测定细菌生长曲线

测量波长：_____

菌种：_____

培养起始 pH：_____；培养结束 pH：_____；培养时间：_____

表 E8.4　细菌培养液 OD 值记录表

开始取样时间	
结束取样时间	
培养时间	
OD_t	
$OD = OD_t - OD_0$	

六、思考题

(1) 根据正交实验设计表进行实验并进行简单数据处理，分析各因素对细菌生长的影响，什么因素对细菌生长影响最大？什么因素对细菌生长影响最小？哪个因素水平组合是最适培养条件？判断的依据是什么？

(2) 正交实验设计在本实验设计中的突出优势是什么？不足之处有哪些？

(3) 根据本实验设计绘制三种细菌的生长曲线（OD-t），其中 OD＝$OD_t - OD_0$，计算三种细菌在各实验培养条件下的代时。该计算结果是否与以上正交实验数据分析相吻合？

(4) 与细菌的理论代时相比较，本实验结果是否有明显差异？差异的主要来源是什么？

(5) 在工业生产中，如何缩短发酵时间以取得更大经济效益？

参考文献

[1] 马寨璞,石长灿.基础生物学统计[M].北京:科学出版社,2018

[2] JOHN P HARLEY. Laboratory exercises in microbiology[M]. 9th ed. New York:McGraw-Hill College, 2014.

[3] 陈金春,陈国强.微生物学实验指导[M].2版.北京:清华大学出版社,2007.

第 3 节　综合型实验

实验 9　利用全自动高通量微生物液滴培养系统研究细菌的生长特性

微生物培养是微生物科学研究和工业应用领域的重要基础，广泛应用于微生物的分离、鉴定、分析、筛选、驯化、适应性进化和菌株改造等方面。传统的微生物培养以摇瓶、多孔板、深孔板等容器为主，再配合摇床或振荡器，使微生物在培养过程中充分混匀和溶氧。同时为了深入了解微生物的生长特性，需要长时间、持续性对培养中的微生物进行取样检测，或添加相关化学因子以观察其对微生物生长的影响等。这些操作严重依赖人力，过程繁琐，影响菌株生长，污染风险大。尤其在多个平行实验中，很难控制实验操作的一致性。

液滴微流控是微流控技术的重要分支，是利用互不相溶的两液相产生分散的微液滴并对微液滴进行操作的非连续流微流控技术。微液滴具有体积小、比表面积大，独立无交叉污染等特点，再结合液滴可控性强、通量高、自动化等优势，可将其应用于微生物的高通量培养、驯化、筛选等方面，展现出重要的应用价值。

一、实验目的

（1）了解微生物液滴培养系统的基本构成及原理；

（2）掌握微生物液滴培养系统的基本操作；

（3）掌握利用微生物液滴培养系统测定大肠埃希菌的生长曲线，探究单因素多水平化学因素对大肠埃希菌生长的影响，研究高盐耐受性大肠埃希菌的自适应进化等的方法；

（4）掌握利用微生物液滴培养系统自主设计实验，探究未知菌生长特性的方法。

二、实验原理和方法

1. 微生物液滴培养系统概述

全自动高通量微生物液滴培养系统（microbial microdroplet culture system，MMC）是基于液滴微流控技术开发的一款微生物培养系统（图 E9.1），其主要功能包括：①高通量培养；②自动传代；③化学因子梯度添加；④在线检测液滴光谱及荧光值变化；⑤微生物分选等。

MMC 主要由主机、冷却水循环仪和电脑组成。主机内包含进样模块、微流控芯片模块、液滴生成模块、液滴识别模块和液滴光谱检测模块等多个功能化模块。每次最多可生成 200 个微液滴培养单元，每个微液滴培养单元 $2\sim3\ \mu L$。通过上述模块的系统集成和控制，

微生物学实验指导

图 E9.1 全自动高通量微生物液滴培养系统

精确地建立了液滴的发生、培养、监测、分割、融合和分选等系列单元的自动化操作体系，从而可以完成微生物生长曲线的测定、单因素多水平研究及菌种压力富集筛选和适应性进化等实验。

（1）液滴生产：MMC 系统采用独特的油相和水相间歇顺次驱动的进样方法，进而在芯片中生成体积大小精确可控的微液滴（图 E9.2a），并通过巧妙串联使用 T 形结构通道，可以生成浓度梯度不同且精确可控的微液滴（图 E9.2b）。

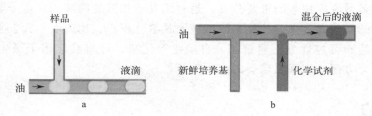

图 E9.2 液滴生成示意图

（a）液滴发生；（b）多浓度梯度液滴发生

（2）液滴识别系统：液滴微流控系统中的水相和油相均为无色透明液体（水相可能会因为内容物的变化而出现颜色浊度的变化），考虑到油水两相的光反射率和折射率不同，MMC 采用了如图 E9.3 所示的光电检测系统。激光以一定的角度斜射至芯片通道检测窗口处，光电探测器置于芯片微通道下方，油相和水相流经该检测窗口处时，由于二者的光反射率和折射率不同，造成光的反射和折射具有较大差异，因此进入光电探测器的光强会产生较大变化，转化输出的电信号具有明显特征，进而实现液滴的快速精确识别。

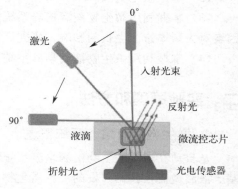

图 E9.3 MMC 液滴识别系统示意图

（3）液滴光谱信号检测系统（图 E9.4）：将光纤与芯片分离，置于芯片两侧，光纤与光源和检测器连接，构成光谱检测通路，微液滴流经芯片的检测窗口处时，其光谱信号被检测器读取和转换，转换信号反馈给上位机，进行记录和分析，并匹配到对应编号的液滴中，然

66

后显示在控制软件界面上，以此达到实时在线检测的目的。

2. 细菌的生长曲线

将细菌接种在适宜的培养基中，在一定条件下培养，可观察到细菌的生长呈现出某种规律。若以培养时间为横坐标，以细菌数目的对数值（或 OD 值）为纵坐标，则可绘制成一条曲线，称为生长曲线（图 E9.5）。生长曲线呈现出四个明显阶段，依次为迟滞期（Ⅰ）、对数生长期（Ⅱ）、平衡期（Ⅲ）和衰亡期（Ⅳ）。

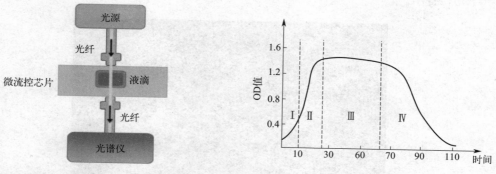

图 E9.4　MMC 液体光谱信号检测示意图　　　　图 E9.5　细菌生长曲线示意图

本实验通过微生物液滴培养系统（MMC）实时测定大肠埃希菌 OD_{600} 的值来研究其生长特性，包括大肠埃希菌生长曲线的绘制、单因素多水平化学因素对大肠埃希菌生长的影响、大肠埃希菌高盐耐受性的自适应进化等三个模块。

三、实验材料、仪器及用具

1. 实验材料

（1）固体平板菌株：大肠埃希菌 BL21（DE3）、环境来源未知菌。

（2）绿色荧光蛋白表达质粒（氨苄西林抗性，由分子实验室提供）。

2. 实验试剂

酵母提取物、蛋白胨、NaCl、琼脂、氨苄西林、卡那霉素。

3. 实验仪器及用具

全自动高通量微生物液滴培养系统（microbial microdroplet culture system，MMC）及相关配件；

恒温振荡培养箱、水浴锅、低温冰箱、超净工作台；

取液器及吸头、接种环、三角瓶（50 mL）、玻璃平皿、注射器、酒精灯、火柴、记号笔等。

四、实验内容

1. 实验前准备

1）灭菌

LB 液体培养基：酵母提取物 5 g/L，蛋白胨 10 g/L，NaCl 10 g/L。加水溶解后调节

pH 为 7.0～7.2，在 121 ℃下高压蒸汽灭菌 20 min。

若需配制固体培养基，则在灭菌前加入 1.8%～2.0%琼脂即可。

若需添加抗生素，则在灭菌后待培养基冷却至 50～60 ℃时加入 50 μg/mL 的 Ampicillin 抗生素即可。诱导剂根据需要添加。

实验所需的培养基、MMC 进样瓶、EP 管在 121 ℃条件下用高压蒸汽灭菌 20 min，备用；把 MMC 芯片（图 E9.6）、MMC 专用油、一次性注射器放入超净工作台，用紫外线照射 30 min，备用。

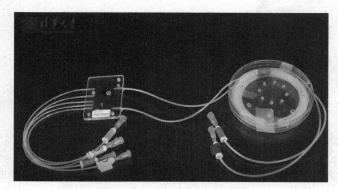

图 E9.6　MMC 芯片实拍图

2）安装芯片

（1）打开 MMC 主机舱门（图 E9.7），将旧芯片快插头从主机接头上逐个拔下，并插上粉色堵头，防止漏油。

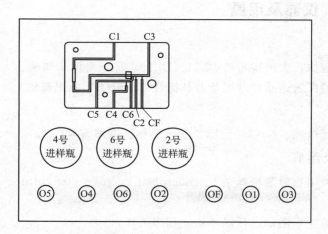

图 E9.7　MMC 操作舱示意图

（2）拔下芯片底座上的两个定位柱，抬起光纤支架，取下旧芯片，用胶带固定。

（3）将新芯片电场孔对准电场针后，轻轻将新芯片放下，放下光纤支架，将两个定位柱插入，逐个拔开粉色堵头，对应编号和颜色将芯片上的快插头与操作台对应的接头相连。MMC 芯片安装前后如图 E9.8 所示。完成芯片安装后关闭操作舱门，打开主机紫外灯开关（主机右侧），照射 30 min。

（4）记录新芯片包装袋上的初始化参数（参数 A、B、C、D）。

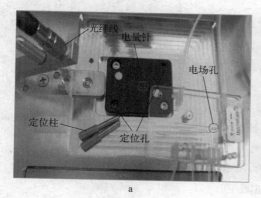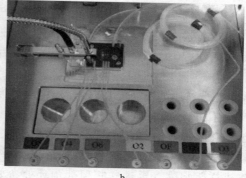

图 E9.8　MMC 芯片安装过程示意图

a 重要元件标识；b 安装完成后示意图

3）初始化

设备初始化用于设置芯片参数以及系统的排气和预热，包括设定培养温度、初始化泵、所有泵排气、芯片清洗、设置光信号电压。

（1）分别安装废液瓶（主机左下方）和油瓶（主机右上方），油瓶内油量需大于 50 mL；

（2）打开冷却水循环仪、MMC 主机、电脑主机和电脑 MMC 控制软件；

（3）设备初始化：

单击操作软件界面左侧【初始化】按钮，主界面弹出【警告】窗口，确认【已取出 2、4、6 号进样瓶】，单击【是】进入初始化的动作选择界面（图 E9.9）。

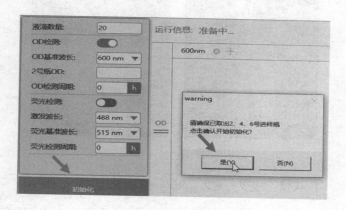

图 E9.9　MMC 初始化确认与动作选择窗口

依照前面记录的新芯片初始化参数，设置参数 A、B、C、D 及培养温度（图 E9.10）。其余初始化命令，默认全选，单击【确定】执行。

初始化过程大概需要 23 min。待弹出提示框，单击【确定】后初始化完成。检查界面右上角的显示温度是否达到设定值，液滴识别基准光电压值是否稳定在 0.4。

仪器初始化后，可利用其完成以下 2、3、4 三个实验。操作时，【2】、【3】、【4】三个程序只能选择其一运行。每个程序后续操作均参见 5～8。

2. 大肠埃希菌生长曲线的绘制

1）菌液（2 号进样瓶）装样

初始化步骤完成后，将准备好的对数期种子液以 5% 接种量接入新鲜 LB 液体培养基，充分摇匀后得到菌液，备用。

MMC 进样瓶如图 E9.11 所示，其容积为 14.5 mL，由瓶身主体、底盖和顶管、侧管两个快接头组成。

装样前先检查进样瓶底盖是否拧紧，用无菌注射器从侧管注入约 5 mL MMC 专用油；再注入约 10 mL 菌液，将进样瓶装满（至进样瓶顶部颈环处，如图 E9.11b 所示），拔出进样接头，连接进样瓶的两个接头，完成装样操作。

将 2 号进样瓶放入 MMC 主机对应金属浴槽内，进样瓶的侧管接头与 C2 相连，顶管接头与 O2 相连，完成进样瓶安装，并关闭操作舱门。

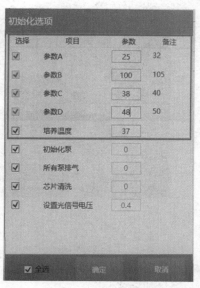

图 E9.10　MMC 初始化参数设置

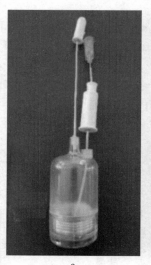

a　　　　　　　　　　　b

图 E9.11　MMC 进样瓶

a 空进样瓶；b 进样瓶装样后

2）运行生长曲线程序

MMC 初始化完成后，选择【生长曲线】程序（图 E9.12），在左侧数据显示区域设置液滴数量，设定 OD 检测波长为 600 nm（可根据实际需要设定光谱检测波长，检测范围为 350～800 nm）；OD 检测周期为 0 h，即连续检测。

单击【开始】按钮，按钮由绿色变为橙色表示实验开始，进入【液滴生成】阶段，生成液滴如图 E9.13 所示。

【液滴生成】步骤完成后，主界面有弹窗，提示【取出 2 号进样瓶，完成后请单击确定键】，此时需打开操作舱门，取出 2 号进样瓶，并将芯片上的 C2 与主机上的 O2 接口相连。

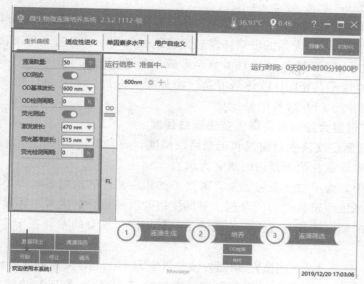

图 E9.12　生长曲线界面参数设置

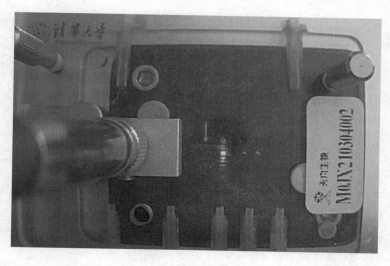

图 E9.13　MMC 液滴生成实拍图（箭头所示）

关闭操作舱门，并单击弹窗中的【确定】按钮，进入液滴【培养】阶段。

3）表达绿色荧光蛋白的重组大肠埃希菌

本实验需先获得能稳定表达荧光蛋白的重组大肠埃希菌，其转化实验步骤如下：

（1）取大肠埃希菌化学感受态细胞并置于冰浴中；

（2）待细胞刚融化时加入不超过感受态细胞悬液体积 1/10 的绿色荧光蛋白表达质粒（100 μL 的感受态细胞能够被 1 ng 超螺旋质粒 DNA 所饱和），轻弹混匀，冰浴中静置 30 min；

（3）将 EP 管置于 42 ℃水浴中热激 90 s，然后快速将 EP 管转移到冰浴中，使细胞冷却 2～3 min，该过程不要摇动 EP 管；

（4）向 EP 管中加入 900 μL 的无菌 LB 培养基（不含抗生素），混匀后，在 37 ℃条件下以 200 r/min 转速摇床培养 45 min；

（5）将 EP 管内容物混匀后，吸取 200 μL 已转化的感受态细胞加到含有相应抗生素的 LB 固体琼脂培养基上，用无菌的玻璃棒轻轻地将细胞均匀涂开，直至菌液被吸收；

（6）倒置平板，37 ℃培养 12～16 h 直至形成单菌落；

（7）挑取单克隆菌落至 LB 液体培养基（添加相应的抗生素）中，在 37 ℃条件下，以 200 r/min 转速培养约 10 h 后备用。

4）实时测定重组大肠埃希菌绿色荧光蛋白强度

MMC 可同时测定细菌生长曲线和荧光蛋白强度（荧光蛋白强度的测定需要匹配不同的测定模块，本实验以绿色荧光蛋白的测定为例）。

在实验过程中，为了防止质粒丢失，需要添加相应浓度的抗生素；为了诱导绿色荧光蛋白的表达，需要添加一定浓度的诱导剂。根据使用的质粒选择抗生素及诱导剂。重组菌株绿色荧光蛋白强度的测定步骤与【生长曲线的绘制】相同。主要的差异在于步骤【2.2 运行生长曲线程序】。

具体操作为：打开【荧光测试】，将激发波长设定为 470 nm，荧光基准波长设定为 515 nm，荧光检测周期为 0 h。通过选定检测数据显示窗口的【OD】和【FL】按钮来切换监测生长曲线和荧光强度曲线（图 E9.14）。

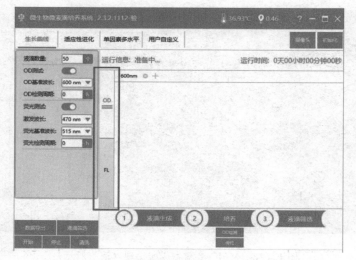

图 E9.14　检测生长曲线与荧光强度曲线切换示意图

3. 单因素多水平化学因素对大肠埃希菌生长的影响

1）进样瓶（2 号、4 号、6 号）装样

2 号、4 号、6 号进样瓶分别为种子液瓶、低浓度化学因子瓶、高浓度化学因子瓶。

2 号进样瓶装样：装样前先检查进样瓶底盖是否拧紧，用无菌注射器从进样瓶侧管注入约 5 mL MMC 专用油；再注入约 10 mL 菌液，将进样瓶装满（至进样瓶顶部颈环处），拔出进样接头，连接进样瓶的两个接头，完成装样操作，并标记为 2 号种子瓶（图 E9.15）。

4 号进样瓶装样：装样前先检查进样瓶底盖是否拧紧，用无菌注射器从进样瓶侧管注入约 5 mL MMC 专用油；再注入约 10 mL 含低浓度卡那霉素的 LB 培养基（默认低浓度为 0）将进样瓶装满（至进样瓶顶部颈环处），拔出进样接头，连接进样瓶的两个接头，完成装样操作，并标记为 4 号低浓度瓶（图 E9.15）。

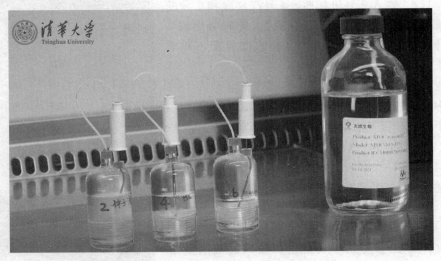

图 E9.15　单因素多水平化学因素实验进样瓶准备

6 号进样瓶装样：装样前先检查进样瓶底盖是否拧紧，用无菌注射器从进样瓶侧管注入约 5 mL MMC 专用油，再注入约 10 mL 含高浓度卡那霉素的 LB 培养基，将进样瓶装满（至进样瓶顶部颈环处），拔出进样接头，连接进样瓶的两个接头，完成装样操作，并标记为 6 号高浓度瓶（图 E9.15）。

分别将 2 号、4 号和 6 号进样瓶放入 MMC 主机对应金属浴槽内（图 E9.7），进样瓶的侧管接头与相应的 C 端相连，中心顶管接头与相应的 O 端相连，完成进样瓶安装，并关闭操作舱门。

2）运行单因素多水平程序

MMC 初始化完成后，选择【单因素多水平】界面（图 E9.16），在左侧区域设置液滴数量（例如 40 个），在数据显示窗口上方设定 OD 检测波长为 600 nm（可根据实际需要设定光谱检测波长，350～800 nm）；OD 检测周期为 0 h，即连续检测。

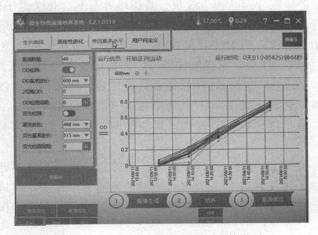

图 E9.16　单因素多水平界面参数设置

单击【开始】按钮，软件弹出【梯度选择】对话框（图 E9.17），输入 2 号进样瓶、4 号进样瓶和 6 号进样瓶中卡那霉素的浓度，单击【计算】。此时会出现 8 个浓度梯度，根据实验需要选择实验浓度梯度，并单击【确定】。

单因素多水平暂设 8 个梯度，各梯度浓度是将 4、6 号进样瓶中的溶液按照一定的比例混合生成，假设 4、6 号进样瓶中的化学因子浓度分别为 a、b，则 8 个梯度浓度为 a、$(9a+b)/10$、$(8a+2b)/10$、$(7a+3b)/10$、$(6a+4b)/10$、$(5a+5b)/10$、$(4a+6b)/10$、b，只需要在软件上输入 4、6 号进样瓶中的化学因子浓度，单击"计算"按钮，该数值会在化学因子梯度选择中显示。

注意：

（1）使用单因素多水平功能时，输入的液滴数量必须是选择的化学因子浓度梯度个数的整数倍。若选择 8 个浓度梯度，液滴数量需是 8、16、24、32 等。

图 E9.17 化学因子浓度梯度对话框

（2）各梯度浓度是将 4 号进样瓶、6 号进样瓶中的化学因子溶液按照一定的比例混合生成的。单击【计算】按钮后，数值会在化学因子梯度选择中显示。

【开始】按钮由绿色变为橙色表示单因素多水平实验开始，进入【液滴生成】阶段。【液滴生成】步骤完成后，主界面有弹窗，提示【请依次取出 2，4，6 号进样瓶，完成后请单击确定键】，此时需打开操作舱门依次取出 2 号进样瓶、4 号进样瓶和 6 号进样瓶，并将芯片上的 C 端和相应的 O 端接口相连，形成闭环。关闭操作舱门，并单击弹窗中的【确定】按钮，进入液滴【培养】阶段。

仪器运行过程中不要打开舱门。

4. 大肠埃希菌高化学因素耐受性的自适应进化

1）进样瓶（2 号、4 号、6 号）装样

2 号、4 号、6 号进样瓶分别是种子液瓶、基础培养基瓶、化学因子瓶。

2 号进样瓶装样：装样前先检查进样瓶底盖是否拧紧，用无菌注射器从进样瓶侧管注入约 5 mL MMC 专用油，再注入约 10 mL 菌液将进样瓶装满（至进样瓶顶部颈环处），拔出进样接头，连接进样瓶的两个接头，完成装样操作，并标记为 2 号种子瓶。

4 号进样瓶装样：装样前先检查进样瓶底盖是否拧紧，用无菌注射器从进样瓶侧管注入约 5 mL MMC 专用油；再注入约 10 mL 基础培养基（默认低浓度为 0），将进样瓶装满（至进样瓶顶部颈环处），拔出进样接头，连接进样瓶的两个接头，完成装样操作，并标记为 4 号基础培养基瓶。

6 号进样瓶装样：装样前先检查进样瓶底盖是否拧紧，用无菌注射器从进样瓶侧管注入约 5 mL MMC 专用油，再注入约 10 mL 含化学因子母液的培养基，将进样瓶装满（至进样瓶顶部颈环处），拔出进样接头，连接进样瓶的两个接头，完成装样操作，并标记为 6 号化学因子瓶。

分别将 2 号进样瓶、4 号进样瓶和 6 号进样瓶放入 MMC 主机对应金属浴槽内（图 E9.7），进样瓶的侧管接头与相应的 C 端相连，中心顶管接头与相应的 O 端相连，完成进样

瓶安装，并关闭操作舱门。

2）运行适应性进化程序

MMC 初始化完成后，选择【适应性进化】界面（图 E9.18），在左侧区域设置液滴数量（例如 50 个），在数据显示窗口上方设定 OD 检测波长为 600 nm（可根据实际需要设定光谱检测波长，350～800 nm）；OD 检测周期为 0 h，即连续检测；传代方式设置为 Time，如传代参数为 8 h，即每 8 小时传一代。

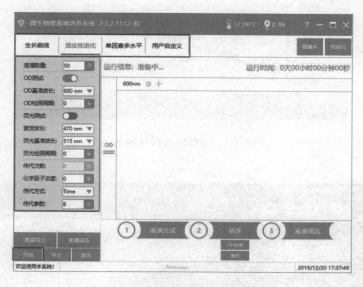

图 E9.18　适应性进化界面参数设置

单击【开始】按钮，软件弹出【梯度选择】对话框，输入 4 号进样瓶和 6 号进样瓶中化学因子的浓度，单击【计算】。根据需要选择实验所需化学因子添加浓度，并单击【确定】。

【开始】按钮由绿色变为橙色表示适应性进化实验开始，进入【液滴生成】阶段。【液滴生成】步骤完成后，主界面有弹窗，提示【取出 2 号进样瓶，完成后请单击确定键】，此时需打开操作舱门取出 2 号进样瓶，并将芯片上的 C 端和相应的 O 端接口相连，形成闭环。关闭操作舱门，并单击弹窗中的【确定】按钮，进入液滴【培养】阶段。

仪器运行过程中不要打开舱门。

5. 数据记录与导出

在实验运行过程中，MMC 会将 OD 测量值实时显示在【检测数据显示窗口】（图 E9.19），便于实验观测以及后续的液滴选择实验。

实验过程中，可单击操作界面右上角的【摄像头】按钮，打开 MMC 的监控摄像头，对实验过程进行实时监测和视频记录（图 E9.20）。

仪器在运行过程中，可随时单击【数据导出】按钮，导出当前所有液滴的 OD 数据（图 E9.21），选择数据保存路径，将培养期间检测记录的 OD 值以 .CVS 的格式导出，可通过 Microsoft Excel 打开，并进行相关的数据分析。

6. 液滴筛选

在培养过程中，可根据需要选择执行【液滴筛选】，液滴筛选功能包括【收集】、【抛弃】

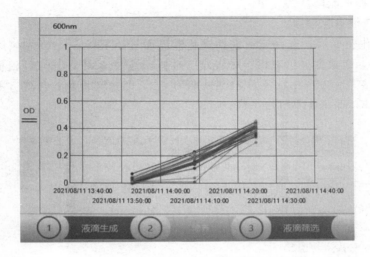

图 E9.19　MMC 实时检测数据

图 E9.20　MMC 在线监测视频记录

和【种子液提取】（种子液提取收集的是传代后剩余部分的液滴），被收集的液滴从 CF 快接头处流出，根据软件提示使用无菌 EP 管对目标液滴进行收集。

操作方法如下：

（1）在仪器运行过程中单击【液滴筛选】按钮，有液滴筛选弹窗跳出，如图 E9.22a 所示。选择需要收集的液滴编号，然后对液滴进行【收集】、【抛弃】或【种子液提取】。本示例以【收集】功能为例，选择完成后单击【确定】按钮，随后仪器会在下一次的正向往复中进行液滴收集操作。

（2）在液滴收集过程中，请耐心等待，在下一次正向运行过程中，当目标液滴进入到 CF 管道中时，软件界面上弹出【请将 CF 快接头拔下放入 EP 管中】窗口（图 E9.22b），根据软件提示将快接头放入收集 EP 管中后（图 E9.22c），单击【确定】按钮，关上操作舱门。

图 E9.21　MMC 数据导出示意图

（3）耐心等待 1~2 min 后，软件界面弹出新的窗口【请插回接口，完成后单击确定键】（图 E9.22d），将 CF 快接头插回（图 E9.22e），最后单击软件【确定】按钮，仪器继续运行，在下一个目标液滴到达检测点时重复上述（2）~（3）的操作过程。

（4）在液滴收集之后，仪器会对管道中剩余的液滴继续进行培养检测。如果需要终止培养，单击【停止】按钮直接终止运行。

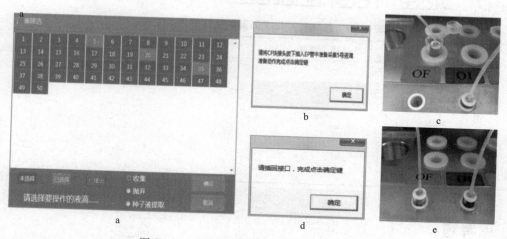

图 E9.22　MMC 液滴筛选选择及引导窗口

7. 清洗

实验完成后，单击左下角的【清洗】按钮，清洗芯片及培养管路。

8. 关机

清洗步骤完成后，需要关闭冷却水循环仪、MMC 主机、MMC 控制软件和计算机主机。取下 MMC 专用油，换为空瓶，清空废液瓶。

五、数据分析

在生长曲线试验部分，将培养期间检测记录的 OD 值或荧光值导出，以时间（h）为横坐标，以 OD 值或荧光值的平均值为纵坐标，绘制菌株的生长曲线图或荧光强度图，并标注出每个数据点的标准方差。依据生长曲线特征，标示出典型的时期，并依据对数期的数据，计算菌株的生长代时。

（1）在单因素多水平试验部分，绘制菌株的生长曲线图，标示典型的时期并计算不同化学因子水平下的代时，记录在表 E9.1 中。

表 E9.1　菌株在不同水平下的生长特性

单因素多水平	化学因子浓度	稳定期 OD 值	代时/min
水平 1			
水平 2			
水平 3			
水平 4			
水平 5			
水平 6			

（2）在自适应进化试验部分，可根据 MMC 软件操作界面绘制的实时生长曲线图挑选感兴趣的液滴进行后续研究。同时，根据实验数据绘制菌株的连续生长曲线图，并计算不同化学因子水平（传代次数）下的代时，记录在表 E9.2 中。

表 E9.2　菌株对高化学因素耐受性的自适应进化

连续传代培养	化学因子浓度	稳定期 OD 值	代时/min
传代 1			
传代 2			
传代 3			
传代 4			
传代 5			
传代 6			

六、思考题

（1）计算对数期各细菌的生长代时，与理论值相比较，讨论其差异。

（2）为什么可用比浊法来表示细菌的相对生长状况？

（3）细菌生长过程中为什么会有稳定期和衰退期？

（4）MMC 用于生长特性评估的优劣性是什么？

参考文献

[1] 麻彩萍,李玉明,王欢,等.基于全自动微生物微液滴培养系统的微生物教学实验设计[J].高校生物学

学研究,2022,12(5):37-41.

[2] JIAN X J,GUO X J,TAN Z L,et al. Microbial microdroplet culture system(MMC):an integrated platform for automated,high-throughput microbial cultivation and adaptive evolution[J]. Biotechnology and Bioengineering,2020,117(6):1724-1737.

[3] 郭肖杰,王立言,张翀,等.高通量自动化微生物微液滴进化培养与筛选技术及其装备化[J].生物工程学报,2021,37(3):991-1003.

大肠埃希菌生长曲线的测定

大肠埃希菌的抗生素耐受性研究

大肠埃希菌耐盐适应性进化

实验 10　口腔微生物群落多样性鉴定及其生物成膜和染色

口腔是各种微生物的聚集地，口腔微生物是仅次于肠道微生物的人体第二大微生物群落。口腔微生物群由细菌、真菌、病毒和原生动物组成，其中细菌是主要成分。微生物因人而异，并在不同的临床条件、微环境和其他影响因素下动态变化。多项研究证实，微生物是各种口腔疾病（如牙周炎、龋齿、黏膜炎）的病因，还被认为与一些系统性疾病有潜在的联系，如糖尿病、心血管疾病、癌症、阿尔茨海默病等。口腔微生物群的组成和比例及其成膜活性与人体健康密切相关，因此口腔微生物群落多样性分析及生物成膜性质研究越来越受科研人员重视。

一、实验目的

（1）了解口腔微生物群落的结构和多样性，并掌握菌种鉴定的方法。

（2）了解口腔微生物在体外形成生物膜的能力、形成过程及不同培养微环境对生物膜形成的影响；掌握口腔微生物形成的生物膜的检测方式。

二、实验原理和方法

1. 口腔微生物简述

口腔是外界连接呼吸道、消化道的通道，口腔结构及功能的多样性造成了微生物的多样性。口腔为微生物的定植提供了适宜的温度、湿度和营养源；反之，口腔内微生物的多样性也有利于维持正常口腔功能，并能抵御外界不良因素对机体的侵袭。

基于口腔解剖结构的复杂及其理化性质具有较大的差异，口腔中的微生物不仅数量多，而且种类复杂。这些微生物在口腔的不同部位共栖、竞争和拮抗，并与宿主的口腔健康有着密切的关系。口腔内微生物种类包括细菌、真菌、病毒、支原体、螺旋体、原虫等。人类微生物组项目（human microbiome project，HMP）从约 200 个个体的样本中检测了口腔 9 个部位（颊黏膜、硬腭、角化牙龈、腭扁桃体、唾液、龈上和龈下菌斑、喉和舌背）的微生物组成，发现 13～19 个门 185～355 个属的细菌（表 E10.1）。主要细菌种类包括链球菌、金黄色葡萄球菌、化脓性链球菌、铜绿假单胞杆菌等。口腔真菌检出率最高的为假丝酵母属，其中以白色假丝酵母居多。口腔检出的原虫少且几无明确的致病性。口腔唾液中或可检出 HIV、HTLV-I、HSV、HBV、HCV 以及 CMV 等多种病毒，故应预防通过唾液传播疾病的可能性。

表 E10.1　参与 HMP 的健康人群口腔中的核心细菌类群

样本类型	>75%样本中存在，丰度>10%的高丰度核心属	>80%样本中存在，丰度>1%的其他主要核心属	>50%样本中的小核心属
颊黏膜	链球菌属	巴斯德菌科 Uncl. 兼性双球菌属	奇异菌属 普雷沃菌科 Uncl. 杆菌 Uncl. 卡氏菌属
硬腭	链球菌属	巴斯德菌科 Uncl. 韦荣球菌属 普雷沃菌科 乳杆菌目 Uncl. 兼性双球菌属	莫吉杆菌属 卡氏菌属
角化牙龈	链球菌属 巴斯德菌科 Uncl.	-	杆菌 Uncl.
腭扁桃体	-	链球菌属 韦荣球菌属 普雷沃菌科 梭杆菌属 巴斯德菌科 Uncl.	莫吉杆菌属 厚壁菌门 Uncl.
唾液	-	普雷沃菌科 链球菌属 韦荣球菌属 巴斯德菌科 Uncl. 梭杆菌属 卟啉菌属 奈瑟菌属	放线菌目 Uncl. 坦氏菌属 金氏杆菌属
龈下菌斑	-	链球菌属 梭杆菌属 二氧化碳噬细胞菌属 普雷沃菌科 棒状杆菌属 巴斯德菌科 Uncl.	厚壁菌门 Uncl.
龈上菌斑	-	链球菌属 二氧化碳噬细胞菌属 棒状杆菌属 巴斯德菌科 Uncl. 奈瑟球菌科 Uncl. 梭杆菌属	β 变形菌 Uncl.
喉	链球菌属	韦荣球菌属 普雷沃菌科 巴斯德菌科 Uncl. 放线菌属 梭杆菌属 毛螺菌科 Uncl.	莫吉杆菌属 厚壁菌门 Uncl.
舌背	链球菌属	韦荣球菌属 普雷沃菌科 巴斯德菌科 Uncl. 放线菌属 梭杆菌属 毛螺菌科 Uncl. 奈瑟菌属	放线菌目 Uncl. 杆菌 Uncl. 消化链球菌属

注：Uncl. 表示未分类。

2. 口腔微生物多样性研究方法

微生物群落之间以及群落与环境之间的相互关系构成了微生物的生态系统，而口腔微生物群落作为人体中特殊的生物群落越来越受到学者的重视。口腔微生物的功能和代谢机制以及口腔微生物群落的结构和多样性一直都是微生物生态学研究的热点。通过分析口腔中微生物丰度与数量的变化，能够揭示口腔疾病发生与微生物群落之间的关系，并为其预防和治疗提供合理的理论依据。

传统的微生物多样性研究依赖于分离培养技术，通过形态观察、生理生化特性研究及免疫血清分型对其进行鉴定。目前该方法已经非常成熟，但同时也存在较大的弊端。首先，该方法费时费力，准确性较差；其次，口腔中有相当一部分细菌在目前的技术条件下是难以培养的；再次，该方法也不能准确反映口腔中微生物种类和数目的真实组成情况。分子生物学等相关技术的使用为微生物多样性研究提供了新的手段，不需要对细菌进行培养即可直接检测口腔中的微生物，能够较为真实地反映这些微生物的分布和组成情况。目前运用较多的手段是基于 PCR 扩增的指纹图谱技术，基于 DNA 文库的宏基因组技术，基于高通量高灵敏度化学分析的代谢组学和蛋白组学技术以及高通量测序技术等。这些技术方法的应用与结合，使我们能够更好地探索口腔微生物群落的特征。

CLIN-TOF 微生物鉴定是基于 MALDI-TOF（基质辅助激光解吸电离-飞行时间质谱）技术而建立的，可解决临床及实验室微生物鉴定的种种问题，是一种快速、准确鉴定微生物的标准方法。其独特的蛋白指纹图谱技术，可采集待测微生物的亚基核糖体蛋白质的蛋白指纹谱图，通过软件对这些指纹谱图进行处理，并和数据库中各种已知微生物的标准指纹图谱进行比对，从而完成对微生物的鉴定。

3. 口腔微生物群落的分布

口腔中有多个栖息地，它们共同构成了口腔微生态系统，每个微环境都容纳一个特定的微生物群落，栖殖菌量也依部位不同而差别巨大。口腔中的微生物群主要包括唾液、龈上牙菌斑、龈下牙菌斑、植入物周围的黏膜下斑块、根管中的斑块和黏膜表面的斑块。

不同口腔部位的菌群具有不同的特征，可以提供不同的信息。唾液有各种来源，几乎浸入硬组织和软组织的所有表面，它可用于多种口腔疾病及一些系统性疾病的研究。在口腔硬组织和软组织的表面上，微生物以生物膜的形式存在，在牙齿表面形成黏性沉积物，称为牙菌斑。牙龈上牙菌斑可用于与牙齿外部表面相关的微生物群的研究。龈下/黏膜下由于氧浓度低的特性，多存在革兰氏阴性厌氧杆菌，其牙菌斑的研究可以帮助探索牙周/种植体周疾病的发病机制。根管中的牙菌斑可以提供有关根管感染或根尖周感染的信息。口腔黏膜上的样本可能有助于黏膜疾病的调查等。随着技术的进步，对微生物组的研究也增加，需要对口腔微生物组采取可靠、可行和实用的采样策略。

4. 口腔微生物群落形成的生物膜

口腔微生物群落是人体口腔中各种相互影响的微生物的总和，多以生物膜形式组成复杂群落，实现微生物的生理学功能。牙菌斑生物膜是其中构造复杂的微生物群落，具有膜结构和微生物生理学功能。和上皮可行剥离的软组织不同，牙齿表面所形成的生物膜、牙菌斑非常坚固。

细菌生物膜的结构在生物膜的生物学特征和细菌细胞活力方面起很重要的作用，利用特异荧光染料标记死菌和活菌，能够了解常态生物膜的形成能力、形成过程以及不同微环境下口腔细菌生物膜结构和活性的变化，通过激光共聚焦扫描显微镜能够清晰观察细菌生物膜的形成及结构特征，获得口腔微生物生物膜的时间和空间信息，为之后研究口腔细菌生物膜的药物敏感等实验奠定方法学基础。口腔细菌生物膜形成的 4 个不同时间段：细菌定植、细菌黏附、生物膜形成及成熟生物膜结构，均能通过死菌、活菌荧光染料标记的方法观察而获得。

三、实验仪器、材料和用具

1. 实验材料

变异链球菌、大肠埃希菌液体菌种。

2. 实验试剂

磷酸盐缓冲盐水 PBS 缓冲液（pH7.4）、纯净水、飞行时间质谱系统细菌处理试剂、死菌/活菌活力测定试剂盒（LIVE/DEAD Bacterial Staining Kit，Yeasen，40274ES60）、血平板、MRS 平板（厌氧）、BHI 粉、琼脂。

3. 实验仪器及用具

无菌拭子、无菌吸收棉、厌氧袋、直径 15 mm 的无菌细胞培养盖玻片、羟基磷灰石小片、恒温振荡培养箱、隔水式恒温培养箱、倒置式荧光显微镜、离心机、取液器及配套吸头、接种环、涂布棒、酒精灯、EP 管、EP 管架、镊子、记号笔、吸水纸、试剂瓶、玻璃培养皿、24 孔细胞培养皿。

四、实验内容

1. 菌种培养

将口腔微生物（如变异链球菌 *Streptococcus mutans*）接种于 BHI 液体培养基中，在 37 ℃恒温培养箱中培养 12 h，分装于无菌 EP 管备用。该步骤需在课前完成。

2. 培养基配制

按表 E10.2 配制 BHI 液体培养基 100 mL，调 pH 至 7.2～7.4，装在 1 个 200 mL 蓝口瓶中，121 ℃灭菌 15 min。该培养基用于细菌菌种培养。

表 E10.2　BHI 液体培养基配方

组分	用量
BHI 粉	3.7 g
纯水	定容至 100 mL

按表 E10.3 配制 BHI 固体培养基，调 pH 至 7.2～7.4，加入 2%（质量体积比）的琼脂，稍稍晃动三角瓶，用封口膜封好，121 ℃灭菌 20 min。待温度降至 60 ℃左右，将培养基倒入已灭菌的培养皿中，每个培养皿大约倒入 20 mL 培养基，凝固后倒置，用于细菌菌种培养。每个小组需准备一个细菌平板，根据学生人数估算所需培养基体积。

表 E10.3　BHI 固体培养基配方

组分	用量
BHI 粉	3.7 g
琼脂	2 g
纯水	定容至 100 mL

3. 实验用品灭菌

本实验采用高温、高压、湿热灭菌法灭菌。高压灭菌锅内加去离子水，没过底部刻度线即可。将 EP 管、取液器吸头、培养皿等放入灭菌锅，在 121 ℃条件下灭菌 20 min。待灭菌锅温度降至 80 ℃以下，取出。灭菌过程属高温、高压操作，须严格按照实验室安全规则及仪器使用规则进行。该步骤需在课前完成。

4. 口腔微生物菌群的采样

本实验包含 3 个位置的采样，分别是唾液、牙齿表面的牙菌斑和口腔黏膜表面的斑块。

1）唾液的收集

（1）收集未受刺激的受试者的唾液有三种方法。

方法 1：让志愿者拿着无菌容器，坐着不动，低头，嘴巴微微张开，眼睛睁开，头微微向前，避免吞咽，让唾液自然流入容器。

方法 2：让志愿者抬起头，坐着不动，避免吞咽，将唾液集中在口腔中，然后将它们吐入容器。

方法 3：也可以将无菌吸收棉放入口腔来取样整个唾液，然后将唾液挤进容器中。

收集未受刺激的受试者的 1 mL 唾液通常需要 5～10 min。用吸收材料收集唾液应避免擦去黏膜表面的斑块。

（2）收集受刺激受试者的唾液有三种方法。

方法 1：让志愿者咀嚼兴奋剂，如无味口香糖或橡皮筋 30 s，然后让他们把积累的唾液吐到容器里（呕吐刺激）。

方法 2：将酸糖或 4%的柠檬酸滴在舌背上，等待 1 min。让志愿者将积累的唾液吐入容器（味觉刺激）。

方法 3：观看酸性食物的视频或想象一些酸性食物在收集唾液时也有帮助。让志愿者将积累的唾液吐入容器（想象中的刺激）。

收集受刺激的受试者的 1 mL 唾液通常需要 1～5 min。

2）牙齿表面牙菌斑的采集

让志愿者张开嘴，在取样前用无菌棉将取样部位与唾液隔离开来。使用无菌拭子从目标牙齿表面刮取牙菌斑样本。之后通过在准备好的 1×PBS 缓冲液中擦洗约 1 min 来收集牙菌斑。

3）口腔黏膜表面斑块的取样

口腔黏膜上的取样部位主要包括舌背、颊黏膜和腭。志愿者在取样前应用纯净水漱口，以去除任何食物残留物。

（1）舌背：让志愿者张开嘴，稍微伸出舌头，用无菌拭子从一边刷到另一边，然后放入无菌 EP 管中，并用 1×PBS 缓冲液在管中反复清洗。

（2）颊黏膜和腭：用无菌拭子刮擦颊黏膜表面的斑块，将其放入无菌 EP 管中，并用缓冲液在管中反复清洗。

5. 口腔微生物菌群的样品处理和涂布培养

（1）将采样收集的口腔微生物样品离心：在 4℃条件下以 10 000～16 000 r/min 转速离心 15 min，弃上清，留沉淀，即微生物样品，以待后续检测。

（2）将取样离心后的菌落沉淀与 1×PBS 混匀，制作微生物悬浊液，分别将其涂在 BHI 平板、血平板、MRS 厌氧平板上，将 MRS 平板放入厌氧袋和密封盒中，将平板放入 37 ℃ 的隔水式恒温培养箱中进行过夜培养或培养 2 天。

为了能够挑出单菌落，使用非均匀涂布的方法涂布微生物悬浊液，即板子上 2/3 区域用悬浊液均匀涂布，剩下 1/3 区域用涂布棒上剩的一点悬浊液朝一个方向划一下，如图 E10.1 所示。可能得到需氧菌、兼性厌氧菌、厌氧菌（需要操作谨慎，否则培养出来的多是兼性厌氧菌）。

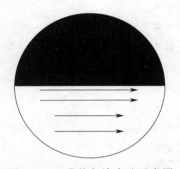

图 E10.1　非均匀涂布法示意图

（3）单菌落长出后，对菌落计数，分别统计各平板上的菌落数。

6. 口腔微生物菌群的鉴定（CLIN-TOF-I）

（1）从涂布微生物的平板上挑单菌落，在相应平板中划线，使单菌落中包含的微生物更单一。

（2）用 CLIN-TOF-I 仪器配套的飞行时间质谱系统细菌处理试剂 1 μL 对菌液进行裂解，抹在靶极孔中间，晾干后加入 1 μL 基底液，再次晾干。

（3）将靶板放入 CLIN-TOF-I 质谱仪，观察仪器测定的峰图，不同微生物的峰图不同。

7. 口腔微生物的生物成膜

本实验使用两种菌悬液：一种是单一的变异链球菌；另一种是变异链球菌和大肠埃希菌 1∶1 混合菌液。

将直径 15 mm 的无菌细胞培养盖玻片或羟基磷灰石放入 24 孔细胞培养皿中，每孔加入菌悬液 500 μL，BHI 培养基 1.5 mL，在 37 ℃下隔水恒温培养箱中培养，每个处理组 3 个平行样，以不加菌悬液培养的玻片为背景对照。

8. 口腔微生物的生物膜的活菌染色观察

于 24 h 取出相应的玻片，用 PBS 洗玻片 2 次，去除表面浮游细菌，立即于室温下用死菌/活菌活力测定试剂盒（DMAO∶EthoⅢ∶0.85% NaCl 生理盐水的体积比为 1∶2∶998）试剂避光染色孵育 15 min，用 1×PBS 洗玻片 2 次，去除残留染液，其中用 EthoⅢ染液红色荧光标记死菌，用 DMAO 染液绿色荧光标记活菌。

染色后立即用倒置式荧光显微镜对标本进行观察，观察条件为激发光 480 nm/510 nm，扫描图像。

图像分析需记录细菌总面积、活菌面积、死菌面积及各组的活菌百分比，以活菌百分比代表生物膜活力。

五、实验记录

1. 口腔微生物菌落数量的记录（表 E10.4）

表 E10.4　口腔微生物平板观察

取样位置	培养条件	菌落个数	菌落描述（大小、颜色等）
未受刺激的受试者的唾液	好氧		
	厌氧		
刺激产生的唾液	好氧		
	厌氧		
牙齿表面的牙菌斑	好氧		
	厌氧		
舌背上的斑块	好氧		
	厌氧		
颊黏膜的斑块	好氧		
	厌氧		
腭上的斑块	好氧		
	厌氧		

2. 口腔微生物群落的种类鉴定（表 E10.5）

表 E10.5　口腔微生物群落的种类

取样位置	培养条件	质谱鉴定菌落种类
未受刺激的受试者的唾液	好氧	
	厌氧	
刺激产生的唾液	好氧	
	厌氧	
牙齿表面的牙菌斑	好氧	
	厌氧	
舌背上的斑块	好氧	
	厌氧	
颊黏膜的斑块	好氧	
	厌氧	
腭上的斑块	好氧	
	厌氧	

3. 质谱鉴定蛋白峰图

4. 生物膜的活菌染色观察（表 E10.6）

表 E10.6　生物膜的活菌染色观察记录

序号	菌液	细菌总面积	活菌面积	死菌面积	活菌百分比
1	变异链球菌				
2	变异链球菌和大肠埃希菌混合液				

六、思考题

（1）质谱鉴定微生物种属的原理是什么？
（2）生物膜的作用是什么？什么影响了生物膜中菌群的生长？

参考文献

[1] ZAURA E,NICU E A,KROM B P,et al. Acquiring and maintaining a normal oral microbiome：current perspective[J]. Front Cel Infect Microbiol,2014(4)：85.

[2] LI K,BIHAN M,METHÉ B A. Analyses of the stability and core taxonomic memberships of the human microbiome[J]. PLoS One,2013,8(5)：e63139.

[3] 肖晓蓉. 口腔微生物学及实用技术[M]. 北京：北京医科大学中国协和医科大学联合出版社,1993.

[4] LU H Y,ZOU P H,ZHANG Y F, et al. The sampling strategy of oral microbiome[J]. iMeta，2022,1(2)：23.

实验 11 发酵工程综合实验

在古代，虽然当时的人类对微生物的性质还一无所知，但已经在利用微生物（主要是混合菌发酵）进行食品酿造，如古埃及的啤酒、中国的酿酒等。19 世纪初，德国科学家柯赫建立了微生物分离纯化技术，人为精细化控制微生物的时代也随之而来。由于采用纯培养和无菌操作技术，采用密闭式发酵罐，使发酵过程避免了杂菌的污染，生产规模和产品质量均获得了巨大的提高。20 世纪 70 年代，基因工程（genetic engineering）技术问世，人们可以按照预定的产品设计构建工程菌，生产出自然界微生物所不能合成的产物，如胰岛素、干扰素和动物激素等。近年来，代谢工程（metabolic engineering）技术体系的建立以及合成生物学（synthetic biology）技术快速发展，利用工程菌株生产的方式大大丰富了发酵工业的应用范围，使发酵工业发生了革命性的变化。因此，利用发酵罐进行微生物的培养与扩大生产，掌握微生物生长代谢规律，是应用微生物技术中极其重要的一个环节，也是必须掌握的技术之一。

一、发酵工程的概念

发酵（fermentation）来源于拉丁语"发泡"（ferver）一词，意指在酒精生产过程中，酵母利用水果或麦谷提取物等产生二氧化碳的现象。在生物化学中，发酵（狭义发酵）是指在无氧气或其他无机电子受体的情况下产生能量的过程。在微生物学中，发酵（广义发酵）是指利用微生物制造和生产各种目的产物的过程，包括利用好氧微生物进行的需氧发酵、利用兼性厌氧微生物进行的兼气发酵和利用厌氧微生物进行的厌氧发酵。在现代发酵生产中，又把利用植物或动物细胞获得产物的过程囊括其中，进一步拓宽了发酵的基本概念。

发酵工程（fermentation engineering）是指利用微生物或者动植物细胞的扩大培养及相关代谢过程，通过生物技术生产所需产物，或直接将其应用于工业化生产的技术体系。它融合发展了传统发酵与现代基因工程、分子改造、DNA 重组和细胞融合等新技术，形成了以微生物学、工程学、细胞生物学及分子生物学等多学科交叉的现代发酵体系，是现代工业生物技术的基础与核心。进行发酵工程的两个重要前提条件是：①具备合适的生产菌种或动植物细胞系；②具备控制和检测生产菌种或动植物细胞系生长、繁殖、代谢的工艺手段和过程控制的工艺条件。现代发酵工程控制一般是在发酵罐中完成的。

目前，发酵工程的应用非常广泛，除了常见的食品及饮料大规模生产外，在工业、农业、医学等领域都有应用。发酵工程的应用场景根据发酵产物的类型或发酵原料的不同而有所区别，包括获得菌体或细胞的发酵，如利用罗氏真氧产碱杆菌（*Ralstonia eutropha*）生产可降解生物材料——聚羟基脂肪酸酯（polyhydroxyalkanoates，PHA）等；以代谢物为产物的发酵，如初级代谢产物氨基酸、蛋白质、糖类化合物等，次级代谢产物抗生素、激素、维生素等；利用微生物细胞进行生物转化获得产物的发酵，如利用甾体转化获得新型抗生素或手性药物等；分泌物为产物的发酵，如各种酶和蛋白等；利用混合微生物的发酵，如利用活性污泥进行污水处理，利用酒曲生产白酒等。

二、发酵分类

根据不同的分类方式，可将发酵分为不同的类型。按微生物培养基质的不同，可将发酵分为固体发酵和液体发酵；按照操作方式的不同，可将其分为分批发酵、补料发酵、连续发酵和高细胞密度发酵；按照发酵过程中是否有氧气的参与，可将其分为有氧（好氧）发酵和厌氧发酵；根据生产微生物细胞的不同，可将其分为野生菌发酵、工程菌发酵、动物细胞培养和植物细胞培养等。值得注意的是，操作方式不同的发酵类型，多出现在液体发酵中。

（一）固体发酵

固体发酵是将发酵原料及菌体吸附在疏松的固体支持物（载体）上，通过微生物的代谢活动使发酵原料转化为发酵产品。根据物料堆积的厚薄和通气方法不同，可将固体发酵细分为浅层发酵、转桶发酵和厚层通气发酵三种方式。目前我国酒类、酱油、食醋等的酿造主要采用固体发酵。固体发酵具有设备简单、方法简便、原料粗放、能耗低等优点，但也具有劳动强度大、效率低等缺点。

（二）液体发酵

液体发酵是将发酵原料制成液体培养基，接种微生物，通过其代谢活动，使发酵原料转化为发酵产品。液体发酵可分为表面发酵和深层发酵两种方式。其中深层发酵是应用最广的方式。深层发酵是微生物的菌体或菌丝体均匀分散在液体培养基中，根据发酵微生物对氧的需要通入或不通入无菌空气。在现代发酵工业中，抗生素、有机酸、氨基酸、酶制剂等许多产品都可通过液体深层发酵来生产。深层发酵具有生产规模大、发酵速度快、生产效率高、容易进行自动化控制等优点。根据生产过程不同，深层发酵可细分为分批发酵（间歇发酵）、补料分批发酵、连续发酵和高密度发酵。

1. 分批发酵（batch fermentation）

将所有物料一次性加入发酵罐中，灭菌，接种，发酵培养。发酵结束后，放出罐内全部内容物，进行产物分离纯化。清罐后重复上述过程。具体操作是：首先用高压蒸汽对种子罐进行灭菌（空消），投入培养基后再次进行灭菌（实消），接入预先培养好的种子进行培养。同时对发酵罐进行灭菌，将连续灭菌后的培养基（连消）投入发酵罐，然后将种子罐中培养好的菌种转移到发酵罐中，控制发酵条件进行发酵。也可将配制好的培养基输入发酵罐内，用蒸汽直接加热，达到灭菌要求后，冷却至一定温度，接入种子罐中培养好的菌种并进行发酵。发酵结束后对发酵液进行下游加工处理。在分批发酵中，微生物的生长遵循典型生长曲线规律。分批发酵可以较好地解决杂菌污染和菌种退化问题，对营养物的利用效率较高，产物浓度比连续发酵高。但由于每批次发酵均需要重复菌种扩大培养、设备清洗灭菌、发酵过程控制等阶段，设备利用率和生产效率较低。

2. 补料分批发酵（fed-batch fermentation）

补料分批发酵又称半连续发酵或流加分批发酵，是介于分批发酵和连续发酵之间的一种发酵类型。在分批发酵中，间歇地或连续地补加含有限制性营养物的培养基，等到所需产物达到某一浓度时从发酵罐内一次性放出发酵液的一种与分批发酵相似的发酵方式。补料方式分为少量多次、少次多量、连续流加、自动化控制流加等。

3. 连续发酵（continuous fermentation）

连续发酵是指连续地或定时地以一定的速度向发酵罐内添加新鲜培养基，同时等量排出发酵液，从而使发酵罐内的液量维持恒定。在发酵工业上，已用于丙酮、丁醇、酒精、啤酒等生产。在连续发酵中，微生物在近似恒定的状态下生长，有效地延长了对数期，提高了设备的利用率，从而提高了生产效益。连续发酵的反应器可以是发酵罐，也可以是管式反应器，但连续发酵菌种易发生变异，容易污染杂菌。

4. 高细胞密度发酵（high cell-density fermentation）

它是一个相对概念，是指通过一定的培养技术与装置提高菌体的发酵密度，使菌体密度相对普通发酵有明显的提高，最终提高产物的比生长速度。

三、发酵罐介绍

发酵罐是发酵工程中最重要的反应设备，是微生物和动植物细胞的培养装置，为微生物和动植物细胞生长、繁殖和特定生物化学过程的操作提供良好而满意的条件，在低能耗下获得高产量。随着生物工程的迅速发展，发酵罐的形状、操作原理、方法等都发生了很大变化，"生物反应器"也常常成为发酵罐的代名词。根据发酵过程中与氧气的关系，可将发酵罐分为好气发酵罐和厌气发酵罐。好气发酵罐通常采用通气和搅拌来增加氧的溶解，以满足微生物代谢过程对氧的需要。根据发酵液的状态不同，可分为固体发酵罐和液体发酵罐。一个优良的发酵罐应具有严密而简单的结构，不易染菌，拥有良好的液体混合性能和较高的传质、传热速率与单位生产能力，同时还应具有配套而又可靠的检测及控制仪表。

由于大多数发酵过程需要氧气的供应，因此发酵罐通常采用通气或者搅拌的方式来增加溶氧，这种发酵罐称为通风发酵罐（aerobic fermenter）。通风发酵罐有机械搅拌通气式、机械搅拌自吸式、气升式、喷射自吸式发酵罐等多种类型。

（一）机械搅拌通气式发酵罐

机械搅拌通气式发酵罐又称通用式发酵罐（general fermenter），是一种既具有机械搅拌又有压缩空气分布装置的发酵罐，是广泛应用的深层好氧培养设备，也是目前大多数发酵工厂最常用的发酵罐。容积一般为 $20\,L\sim200\,m^3$，目前最大的通用式发酵罐容积为 $800\,m^3$。通用式发酵罐的优点是操作弹性大，pH 和温度易控制，有规范的工业放大方法，适合连续培养等；缺点是驱动功率大，内部结构复杂，难以彻底清洗等。通用式发酵罐的主要结构包括控制系统、罐体、搅拌系统、传热装置、通风系统、消泡系统和各种参数（如温度、溶氧、pH）检测器等（图 E11.1）。

1. 控制系统

主要是对发酵过程中的各种参数（如温度、pH、溶解氧、搅拌速度、空气流速和泡沫水平等）进行设定、显示、记录及对这些参数进行反馈调节控制。

2. 罐体

一般为一个圆柱型的玻璃或不锈钢筒，高度和直径比一般在(1.5~2)∶1之间。

3. 搅拌系统

搅拌系统由驱动马达、搅拌轴和涡轮式搅拌器组成，主要用于气-液和液-固混和以及质量和热量的传递，对氧的溶解有重要意义，因为它可以增加气-液间的湍动，增加气-液接触面积及延长气-液接触时间。

4. 传热装置

传热装置可带走生物氧化及机械搅拌所产生的热量，以保持菌种在适宜的温度下发酵。

5. 通气系统

通气系统主要由空气压缩器、油水分离器、孔径在 $0.2\,\mu m$ 左右的微孔过滤片和空气分布器组成，用来提供好氧微生物发酵过程中所需要的氧。为了减少发酵液的挥发和防止菌种发散到环境中，还在空气出口处安装了冷凝器和微孔过滤片。

6. 消泡系统

由于发酵液中含有大量蛋白质，在强烈的搅拌下将产生大量的泡沫，严重的泡沫将导致发酵液的外溢和增加染菌的机会，必须用加入消泡剂的方法消去泡沫。

7. 各种参数检测器

参数检测器包括 pH 电极、溶氧电极、温度传感器、泡沫传感器，以使微生物在最适环境条件下生长和分泌产物。

图 E11.1　教学用台式发酵罐

（二）机械搅拌自吸式发酵罐

机械搅拌自吸式发酵罐的罐体的结构大致与通用式发酵罐相同，主要区别在于不需要气源供应压缩空气。它主要由罐体、搅拌系统、导轮和电机等组成。搅拌器由从罐底向上伸入的主轴带动，叶轮旋转时叶片不断排开周围的液体，使搅拌器中心形成真空（负压），由于搅拌器的中心与大气相通，于是通过搅拌器中心的吸气管将罐外空气吸入罐内，吸入的空气与发酵液充分混合后在叶轮末端排出，并立即通过导轮向罐壁分散，经挡板折流涌向液面，均匀分布。这种发酵罐的优点是气液接触良好，气泡分散较细，可提高氧在发酵液中的溶解度。缺点是进罐空气处于负压，因而增加了染菌的风险。

（三）气升式发酵罐

气升式发酵罐是近20年发展起来的。其主要特点是结构简单、不易染菌、氧气传质效率高、能耗低以及安装维修方便，适合单细胞蛋白等物质的生产，不适合高黏度或者含有大量固体培养液的发酵。

（四）喷射自吸式发酵罐

这是一种新型的发酵罐，其原理是通过泵将发酵液送入喷射吸气装置中，使得发酵液在其中流速增加，形成真空，在空气吸入后，使得气泡分散于液体中并均匀混合，提高发酵罐的溶解氧。这一发酵罐的优点是分散良好，溶氧速率高；能耗低，传热效能快；不使用空压机等设备，减少能耗。但由于空气直接进入反应器内，因此容易发生杂菌污染风险。

四、发酵的基本过程

现代发酵大多采用液体发酵方式，总的来说此过程或环节包括原材料的预处理、培养基的组成及配制、菌种活化和种子液的培养、培养基和发酵罐及其他辅助设备的灭菌、发酵过程及控制、下游分离纯化过程、下游废弃物的处理等。

（一）原材料的预处理

原材料的预处理是指将发酵原料进行处理，以使其能够被发酵微生物更好地利用的过程。如有些微生物不能直接利用淀粉质原料，因此当这些微生物以淀粉为原料进行发酵时，首先要将淀粉原料糖化。糖蜜作为原料，要将其稀释到一定的浓度，并去除其中的金属离子等。

（二）培养基的组成及配制

发酵培养基是指为微生物和动植物细胞生长、繁殖和合成产物提供营养的基质物质。培养基的组成应含有微生物生长必需的碳源、氮源、水、无机盐、生长因子，还需含有一些特定的元素、前体等。同时，也应注意碳源、氮源的相互搭配比例，以使目的产物合成速率最大，单位培养基产生最大量的产物，副产物尽可能少，下游纯化尽可能简单，尽可能采用廉价原料，设法降低原料成本。

（三）菌种活化和种子液的培养

发酵菌种一般保存在冷冻管或冰箱中的斜面上，在使用前，要先接种到新鲜斜面培养基上进行活化，活化后再用于种子扩大培养。为了进行大规模的工业发酵生产，必须将活化的种子逐级扩大。扩大可根据需要采用固体培养或液体培养两种不同的方法。固体法一般采用传统的制曲工艺，先用三角瓶扩大，再转接到曲盘扩大培养。液体法要先在三角瓶摇瓶（好氧菌或兼性厌氧菌）或静置（厌氧菌）扩大培养，然后再转接到种子罐中进一步扩大培养。种子扩大培养的阶段由发酵规模决定，如一级、二级或三级等。

（四）培养基和发酵罐及其他辅助设备的灭菌

为达到纯培养的目的，培养基和发酵罐及其他辅助设备必须经过灭菌，以减少由于杂菌的污染导致发酵失败的概率。目前所使用的灭菌方法主要是蒸汽灭菌，主要分为分批灭菌（实罐灭菌）和连续灭菌（连消）。

（五）发酵过程及控制

发酵过程是指微生物细胞的生化反应过程。将扩大的、生长旺盛的种子接种到发酵罐或其他发酵反应器中，并在控制条件下进行发酵，使发酵向预期方向进行。影响发酵的因素有温度、pH、溶解氧（DO）、搅拌、罐压力、补料、发酵过程优化等，要控制这些发酵条件，以使发酵顺利进行。

（六）下游分离纯化过程

下游分离纯化过程是指从发酵液中分离、精制有关产品的过程，也称作发酵生产的下游加工过程（图 E11.2）。发酵液是含细胞、代谢产物和剩余培养基等多组分的多相系统，黏度非常大，从中分离产物很困难；发酵产品在发酵液中浓度很低；有些发酵产品具有生物活性，在分离提纯过程中很容易失活。上述原因使下游加工过程很困难，也使其成为发酵工业

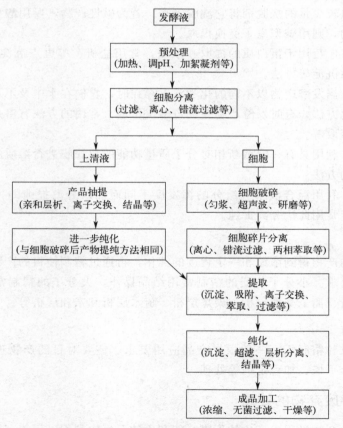

图 E11.2　下游加工的工艺流程

的重要组成部分。当发酵结束后，根据所要分离产物的性质进行产物的分离提取。若需要的是菌体，要用离心沉淀或板框压滤将菌体与发酵液或发酵基质分离，然后进一步加工成产品。若需要的是细胞外产物，要通过过滤或离心收集上清液，再根据其性质的不同，用离子交换树脂吸附处理、脱色过滤、减压浓缩等方法提取和精制。若是胞内产物，要收集细胞并裂解细胞，使产物释放，然后进一步分离提取。

1. 预处理和固液分离

预处理可改善发酵液性质，有利于固液分离。常用的预处理方法有酸化、加热、加絮凝剂等。固液分离常用过滤、离心等方法。如果目的产物在细胞内，还需要破碎细胞。在发酵工业中，常用高压匀浆器和球磨机对细胞进行破碎。破碎后通过离心、两水相萃取等方法使滤液和细胞碎片分离。

2. 提取方法

通过预处理，目的产物存在于滤液中。由于滤液的体积较大，目的产物的浓度较低，需通过提取使目的产物得到浓缩，同时也去除了一些杂质，使目的产物得到一定程度的纯化。常用的提取方法有以下几种：

（1）吸附法：利用吸附剂和发酵产物间的分子吸引力而将发酵产物吸附在吸附剂上。抗生素等小分子物质可用大网格聚合物、活性炭、白土、氧化铝、树脂等吸附剂进行吸附。

（2）离子交换法：利用离子交换树脂和发酵产物之间的化学亲和力，有选择性地将产物吸附上去，然后以较少量的洗脱剂将它洗脱下来。若为碱性产物，要用酸型离子交换树脂提取，若为酸性产物，则用碱型离子交换提取。

（3）沉淀法：广泛用于蛋白质的提取和浓缩，常用盐析、等电点沉淀、有机溶剂沉淀、非离子型沉淀体系沉淀等方法。

（4）萃取法：当发酵产物以不同的化学状态存在时，它们在水中及不互溶的溶媒中有不同的溶解度时用此方法，有时发酵产物要经过多次萃取。常用的方法有溶剂萃取、两水相萃取、超临界流体萃取等。

（5）超滤法：利用具有一定截断相对分子质量功能的超滤膜进行溶质的分离或浓缩，从而达到分离效果的方法。

（6）蒸馏法：利用混合液中各组分的挥发度不同而加以分离提纯的方法。如酒精、甘油、丙酮、丁醇等常用此法分离提纯。

3. 产品精制

提取能使目的产物得到浓缩和一定程度的纯化，再通过精制使目的产物得到纯化，从而使纯度达到目的要求。小分子物质的精制常用结晶操作，大分子的精制常采用层析分离方法，包括凝胶层析、离子交换层析、聚焦层析、疏水层析和亲和层析等。

4. 成品加工

产物经过提取和精制后，一般根据产品应用要求，还要对目的产物进行浓缩、过滤除菌、去除热原质、干燥、加稳定剂等处理。

（七）下游废弃物的处理

在发酵或提取产物过程中产生的下脚料能利用的要再次利用，不能利用的也要经过一定处理使其达到排放标准再进行排放，以免造成环境污染。

实验 11.1　种子培养液的配制及发酵罐的准备

一、实验目的

1. 掌握自动控制发酵罐的构造、原理及操作程序。
2. 学习配制培养液及细菌细胞的接种方法。

二、实验仪器、材料和用具

1. 实验材料

可诱导表达目的蛋白的重组大肠埃希菌 BL21 菌株。

2. 实验试剂

胰蛋白胨（tryptone）、酵母抽提物（yeast extract）、氯化钠（NaCl）、磷酸氢二铵 $[(NH_4)_2HPO_4 \cdot 12H_2O]$、葡萄糖（glucose）、卡那霉素（kanamycin，Kan，50 g/L）、磷酸（H_3PO_4）、氢氧化钠（NaOH）、泡敌（antifoam）。

3. 实验仪器及用具

超净工作台、恒温震荡培养箱、250 mL 三角瓶、500 mL 三角瓶、7 L 发酵罐。

三、实验内容

1. 培养基配制（表 E11.1）

表 E11.1　本实验所使用的液体 LB 培养基配方

培养基名称	组成	含量/(g/L)
LB 培养基	NaCl	10
	酵母抽提物	5
	胰蛋白胨	10

加入蒸馏水，定容至 100 mL，用 1 mol/L NaOH 调节 pH 值至 7.0，121 ℃灭菌 20 min。在灭菌后的 LB 液体培养基中，按终浓度 50 mg/L 加入一定量的 Kan 贮存液。

2. 发酵用基本培养基配制（表 E11.2）

表 E11.2　本实验中发酵罐的基本培养基配方

培养基名称	组成	含量	浓度/(g/L)
发酵用基本培养基	NaCl	20 g	5
	酵母抽提物	100 g	25
	胰蛋白胨	100 g	25
	泡敌	1 mL	—

加入蒸馏水定容至 3600 mL，121 ℃ 高压灭菌 20 min。

3. 其他补料配制

（1）20 g/L 葡萄糖溶液：称取 80 g 的葡萄糖固体，加入蒸馏水，定容至 200 mL，115 ℃ 高压灭菌 20 min，接种时加至发酵罐中；

（2）10 g/L $(NH_4)_2HPO_4$：称取 30 g 固体，加入蒸馏水，定容至 100 mL，115 ℃ 高压灭菌 20 min，接种时加至发酵罐中；

（3）补料葡萄糖溶液：称取 45 g 的葡萄糖固体，加入蒸馏水，定容至 100 mL，115 ℃ 高压灭菌 20 min，补料时加至发酵罐中；

（4）20% H_3PO_4：121 ℃ 高压灭菌 20 min；

（5）40%氢氧化钠溶液：121 ℃ 高压灭菌 20 min。

4. 种子液的准备

（1）一级种子液的准备

取平板上单菌落并接种于 50 mL Kan/LB 培养基中（装在 250 mL 的三角形中），在 37 ℃ 和 200 r/min 转速条件下培养过夜。

（2）二级种子液的准备

取一级种子液，按 1%～3% 的接种量接入装有 100 mL Kan/LB 的 250 mL 培养瓶中，在 37 ℃ 和 200 r/min 转速条件下培养 14～16 h。

5. 发酵罐的校准

（1）发酵罐校准：打开发酵罐系统的动力开关，操作界面下单击"calib（calibration）"，即可看到校准界面（图 E11.3）。

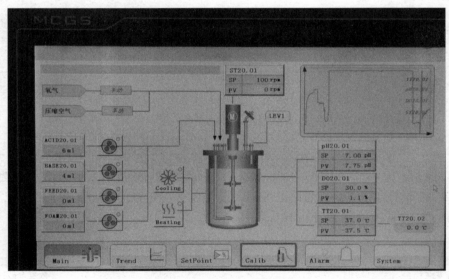

图 E11.3　发酵罐主界面

（2）校准 pH 电极

① 准备好洗瓶、废液缸、pH 电极校准缓冲液（pH4.01 和 pH9.21）、试管架及 pH 电极。

② 将 pH 电极从存放缓冲瓶中取出，使用去离子水将 pH 电极润洗并擦干。

③ 将 pH 电极浸入 pH 值为 4.01 的标准缓冲液中，连接 pH 电极线，在校准界面单击"PH20.01"进入系统（图 E11.4），在左侧"Set Zero"栏的"Buffer New"中输入"4.01"。等待界面上端的"Raw.Value"中示数稳定，在左侧的"Sample New"输入此稳定的示数，并单击"Set Zero"。若示数变化不大，则可认为零点校准完成（图E11.5）。

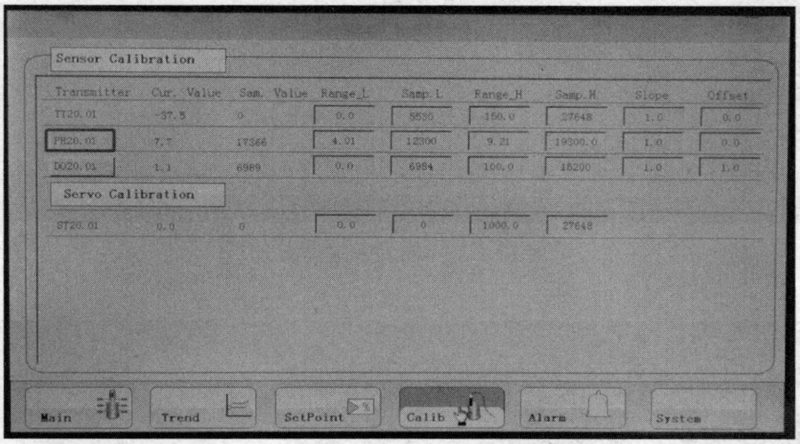

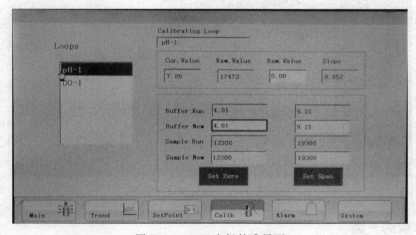

图 E11.4　发酵罐校准界面

图 E11.5　pH 电极校准界面

④ 将 pH 电极从缓冲液中取出，使用去离子水将 pH 电极润洗并擦干。

⑤ 将 pH 电极浸入 pH 值为 9.21 的标准缓冲液中，并在右侧"Set Span"栏的"Buffer New"中输入"9.21"。等待界面上端的"Raw.Value"中示数稳定，在右侧的"Sample New"输入此稳定的示数，并单击"Set Span"。若示数变化不大，则可认为满刻度点校准完成（图 E11.6）。

⑥ 重复②～⑤步骤 2 次。

⑦ 最后再使用去离子水将 pH 电极润洗并擦干，断开连接线，加上保护帽，插入到发酵罐中（图 E11.7）。

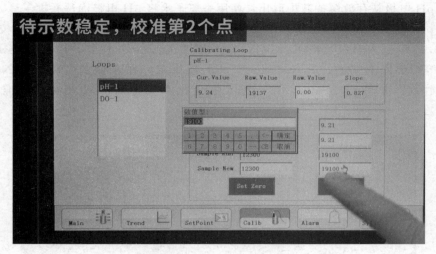

图 E11.6　pH 电极校准界面

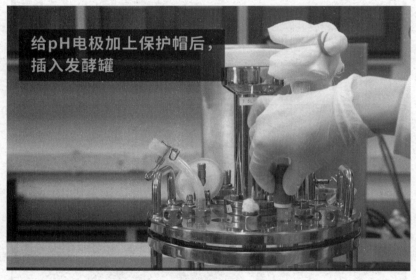

图 E11.7　pH 电极装入发酵罐

6. 发酵罐的灭菌

（1）连接补料瓶：首先将已配制好的补料按照标签加入到补料瓶中，随后将补料瓶的软管与发酵罐的接口一一对应连接；

（2）连接空气管道：将空气滤膜连接到发酵罐上（**注意**：空气进口接控制器端，空气出口接发酵罐端），使用封口膜将空气滤膜进气口扎紧；

（3）将发酵罐上的各个管道用止水夹扎紧，机器接口等位置用配套的螺帽或保护套保护好；

（4）将已配制好的发酵用基础培养基倒入发酵罐中；

（5）各电极插入顶部盖板的相应孔内，旋紧螺帽，插入 pH 电极时要极小心，防止电极损坏；

（6）将发酵罐及连接的补料瓶小心搬至小推车上（**注意**：双手内扣搬发酵罐，务必注意补料瓶的管道），转移至灭菌室准备灭菌；

（7）将发酵罐及连接的补料瓶小心搬至灭菌锅内，按照灭菌锅使用操作说明书设定灭菌程序，121 ℃灭菌 20 min（**注意**：灭菌实验为高温、高压过程，务必按照仪器使用手册规范操作，注意安全）；

（8）按照程序等待灭菌过程结束后，冷却到 80 ℃以下，把发酵罐搬出灭菌锅并转移至试验台备用。

实验 11.2　重组大肠埃希菌的发酵罐培养

一、实验目的

（1）掌握自控发酵罐的使用及培养操作程序。

（2）学习在实验室内大规模培养微生物细胞的方法。

二、实验仪器、材料和用具

1. 实验材料

已准备好的二级种子液。

2. 实验仪器及用具

5 mL 离心管、离心机、镊子、取液器及吸头。

三、实验内容

1. 发酵罐准备

（1）开机准备：

① 依次连接冷却水、冷凝水管道（注意：冷凝水的进口是在下端，出口在上端）；

② 打开止水夹，连接进气口；

③ 依次连接温度电极、pH 电极（注意：溶氧电极是在校准过程中连接完成的）；

④ 将马达与发酵罐连接；

⑤ 连接电热毯；

⑥ 打开控制器开关，调节空气流量至 4 L/min；

⑦ 连接补料瓶，依次接上补酸、补碱和补消泡剂的蠕动泵。

（2）在主页面中，调节 pH 至 7.0：单击"pH20.01"，在弹出的调节框中"S"栏输入"7"；

（3）调节温度至 37 ℃：单击"TT20.01"，在弹出的调节框中"S"栏输入"37"；

（4）调节转速：单击"ST20.01"，在弹出的调节框中"Stir Set"第一框内输入需要调节的转速；

（5）校准溶氧电极百分点：

① 首先使用去离子水将溶氧电极润洗并擦干，插入发酵罐中（**注意：此操作在灭菌前完成**）；

② 在校准界面单击"DO20.01"，进入系统，在左侧"Set Zero"栏的"Buffer New"中输入"0"，等待界面上端的"Raw. Value"中示数稳定，在左侧的"Sample New"中输入此稳定的示数，单击"Set Zero"。若示数变化不大，则可认为零点校准完成（图E11.8）。

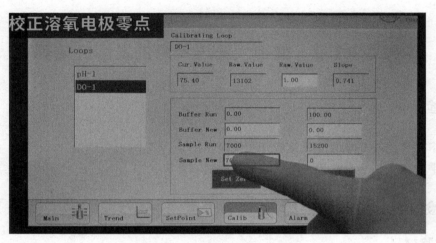

图 E11.8　溶氧电极零点校准

③ 取下保护帽，连接溶氧电极连接线（**注意**：小心旋转连接线，直至连接口卡入并旋紧）（图 E11.9）

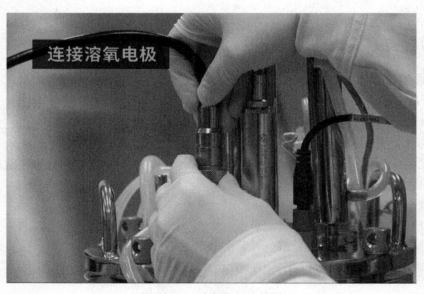

图 E11.9　溶氧电极连接图

④ 逐步调节转速至 800 r/min，调节 pH 至 7.0，调节温度至 37 ℃。等待上述数值均稳定后，返回校准界面继续校准溶氧电极百分点（图 E11.10～E11.12）

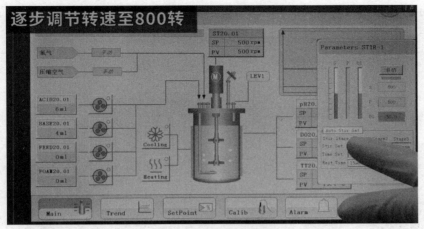

图 E11.10　转速调节图

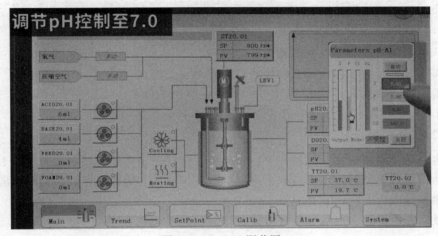

图 E11.11　pH 调节图

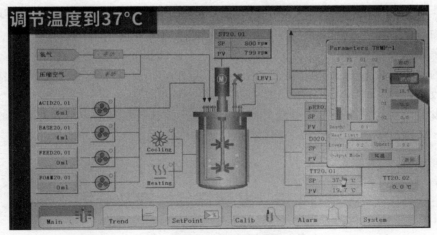

图 E11.12　温度调节图

⑤ 在右侧 "Set Span" 栏的 "Buffer New" 中输入 "100"。等待界面上端的
"Raw. Value" 中示数稳定，在右侧的 "Sample New" 输入此稳定的示数，并单击 "Set

Span"。若示数变化不大，则可认为百分点校准完成（图 E11.13），再重复②～⑤步骤两次。

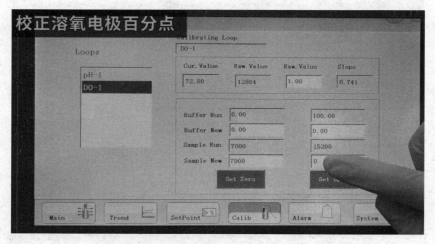

图 E11.13　溶氧电极百分点校准

注意：溶氧电极校准需在发酵罐灭菌后进行。

（6）将溶氧、转速、温度及酸碱检测均调整为自动模式。

（7）溶氧与转速偶联：单击"DO20.01"，在弹出的调节框中设定"Lower"为"0.2"，设定"Upper"为"0.8"，然后单击"自动"。

2. 接种

（1）将适量的酒精棉塞入接种环中，先拧松进样口盖，将接种环套在进样口上；

（2）然后点燃酒精棉，用工具取下进样口盖，快速在火焰旁打开补料和种子液，倒入发酵罐中，接种浓度为 200 mL/4L；

（3）最后在火焰熄灭前盖上进样口盖并拧紧，处理火焰。

3. 发酵过程中的数据记录

（1）每小时记录溶氧、转速、测定 OD_{600}，取样品各 4 mL，并放入事先称好重量的两个离心管内，记录待测细胞干重和发酵液糖含量变化。

（2）菌体收集：发酵完毕后，在 4 ℃条件下以 4000 r/min 转速离心 10 min，上清液转移至干净的离心管中并置于 4 ℃冰箱保存备用，再加入 5 mL 去离子水，充分重悬细菌，再次离心，收集菌体，4 ℃保存备用。

（3）发酵结束后，按照上罐过程的操作将罐体与控制器断开连接，将发酵罐的菌体无害化处理后，清洗发酵罐及补料瓶，整理实验台。

实验 11.3　发酵样品处理及分析

一、实验目的

（1）掌握发酵过程中转速、溶氧、细胞干重、葡萄糖浓度等参数的测量和记录方法。

（2）学习细胞干重、葡萄糖浓度等参数的测定与分析方法。

二、实验仪器、材料和用具

1. 实验试剂

3,5-二硝基水杨酸、氢氧化钠、甘油、葡萄糖。

2. 实验仪器及用具

容量瓶、刻度试管、分光光度计、比色皿、分析天平。

三、实验内容

1. 细胞干重的测定

将收集的菌体用冰冻干燥法或 80℃烘干除去细胞中水分（2～3 h）至恒重，称重。

2. 3,5-二硝基水杨酸溶液的配制

称取 6.5 g 的 3,5-二硝基水杨酸，溶于少量水中，移入 1000 mL 容量瓶中，加入 2 mol/L 氢氧化钠溶液 325 mL，再加入 45 g 甘油，定容至 1000 mL。

3. 葡萄糖的测定

（1）取 10 g/L 葡萄糖标准溶液各 0、0.1、0.2、0.3、0.4、0.5、0.6、0.7 mL，各补加水 1.0、0.9、0.8、0.7、0.6、0.5、0.4、0.3 mL，并分别置于 25 mL 刻度试管中，作为标准样。

（2）取稀释 4 倍的发酵上清液 1 mL，置于 25 mL 刻度试管中，作为待测样。

（3）向所有样品中各加入 3,5-二硝基水杨酸溶液 2 mL，置于沸水中煮 2 min 进行显色，然后以流动水迅速冷却，用水定容至 25 mL，摇匀。

（4）以空白调零，在 540 nm 处测定吸光度，绘制标准曲线，并计算发酵液中的糖含量。

四、实验记录

（1）发酵过程中数据记录见表 E11.3。

表 E11.3　发酵数据表

培养时间/h	0	1	2	3	4	5	6	7	8	9	10	11	12
OD_{600}													
pH													
转速/(r/min)													
溶氧/%													
细胞干重/(g/L)													
葡萄糖浓度/(g/L)													

（2）测定细胞干重。

（3）绘制葡萄糖标准曲线，并计算发酵液中的糖含量。

（4）绘制溶氧、转速、OD$_{600}$、细胞干重、葡萄糖浓度随时间变化的曲线图，分析各个阶段（迟滞期、对数期、平衡期和衰亡期）的细菌生长状况与底物、溶氧的关系。

五、思考题

（1）发酵过程中所需的无菌空气是如何获得的？

（2）发酵过程中搅拌的作用是什么？

（3）发酵过程中调节溶氧的方法有哪些？

（4）在大肠埃希菌培养过程中，pH 值持续性上升是发酵结束的标志之一。请简述其判断机理。

（5）从生长曲线算出大肠埃希菌在发酵罐中的代时，与大肠埃希菌的理论代时相比较，有何区别？为什么？

参考文献

[1] 宋存江. 发酵工程原理与技术[M]. 北京：高等教育出版社，2014.

[2] 陈金春，陈国强. 微生物学实验指导[M]. 2 版. 北京：清华大学出版社，2007.

[3] STANBURY P F, WHITAKER A, HALL S J. Principles of fermentation technology[M]. London：Elsevier，2013.

[4] WALKER G M. Encyclopedia of food microbiology[M]. NewYork：Academic Press，2014：769-777.

台式发酵罐的
操作及应用

附录
相关试剂配制

一、革兰氏染色液

(1) 草酸铵结晶紫染液

A 液：	结晶紫	2 g
	95％乙醇	20 mL
B 液：	草酸铵	0.8 g
	蒸馏水	80 mL

将 A、B 液混匀，静置 48 h，过滤后使用。此液不易保存，如有沉淀，需重新配制。

(2) 卢氏碘液

碘	1 g
碘化钾	2 g
蒸馏水	300 mL

先将碘化钾溶解在少量蒸馏水中，然后加入碘使之完全溶解，最后加蒸馏水至 300 mL 即可。卢氏碘液应贮存在棕色瓶内，备用，如变为黄色则不能使用。

(3) 95％乙醇溶液

现配现用，用于脱色。

(4) 番红染液

番红	2.5 g
95％乙醇	100 mL

溶解后贮存在棕色瓶内，备用，使用时用蒸馏水按照 1∶4 比例稀释至 0.5％即可。

二、 1.6%溴甲酚紫乙醇溶液

准确称取 1.6 g 溴甲酚紫，用适量无水乙醇溶解并定容至 100 mL，备用。

三、 1%溴麝香草酚蓝乙醇溶液

准确称取 1 g 溴麝香草酚蓝，用 5 mL 的 95％乙醇溶液溶解后，用蒸馏水定容至 100 mL，备用。

四、吲哚试剂

准确称取 1 g 对二甲氨基苯甲醛，溶解于 95 mL 的 95％乙醇中，然后缓慢加入 20 mL 浓盐酸。

五、 VP 试剂

甲液：6％ α-萘酚乙醇溶液。
准确称取 6 g α-萘酚，加无水乙醇溶解后定容至 100 mL。
乙液：40％氢氧化钾溶液。
准确称取 40 g 氢氧化钾，加蒸馏水溶解后定容至 100 mL。
将甲液和乙液放置于棕色瓶中，在 4～10 ℃条件下保存。
使用时，每管滴加 0.6 mL 甲液后再滴加 0.2 mL 乙液。

六、甲基红指示剂

准确称取 0.1 g 甲基红，用适量无水乙醇溶解并定容至 100 mL，备用。

七、氨苄青霉素

先将氨苄青霉素用双蒸水配制为 100 g/L 的储液（1000×），在超净工作台中用无菌的 0.22 μm 微孔滤膜过滤除菌。分装后，低温避光保存，备用。
使用时，将氨苄青霉素储液稀释为 1×的工作液使用。

八、 IPTG 诱导剂

先将 IPTG 诱导剂用双蒸水配制为 200 g/L 的储液（1000×），在超净工作台中用无菌的 0.22 μm 微孔滤膜过滤除菌。分装后，低温避光保存，备用。
使用时，将 IPTG 储液稀释为需要的工作液。

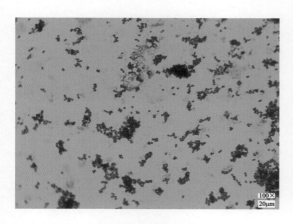

八叠球菌（100×物镜）

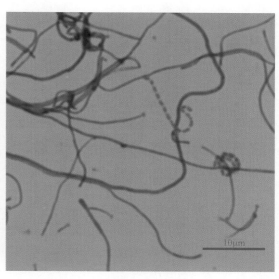

放线菌（100×物镜）

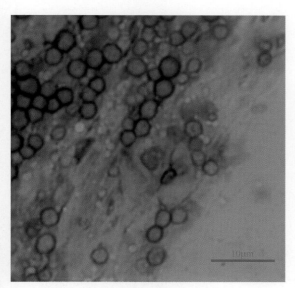

褐球固氮菌（100×物镜）

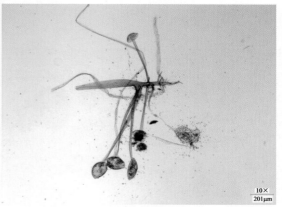

黑根霉（10×物镜）

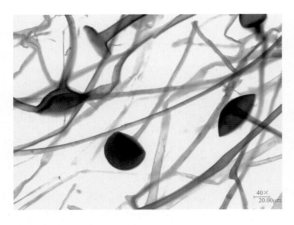

黑根霉（40×物镜）

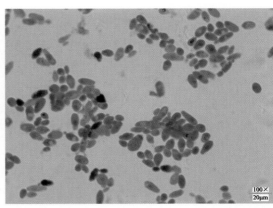

酵母（100×物镜）

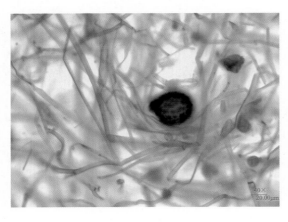

接合孢子（黑根霉）（40×物镜）

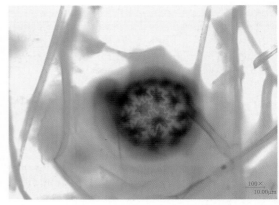

接合孢子（黑根霉）（100×物镜）

金黄色葡萄球菌（100×物镜）

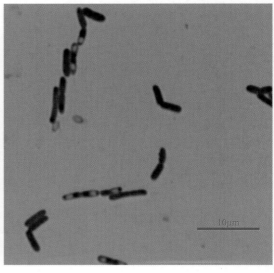

巨大芽孢杆菌（100×物镜）

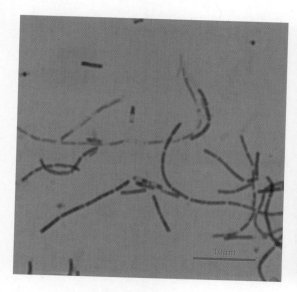

枯草芽孢杆菌（100×物镜）

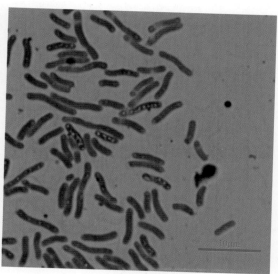

螺菌（100×物镜）

破伤风梭菌（100×物镜）

青霉（40×物镜）

青霉(100×物镜)

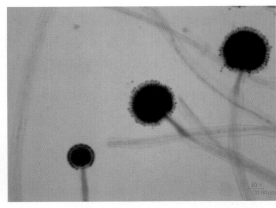

曲霉(40×物镜)

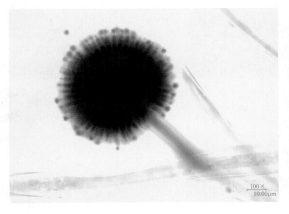

曲霉(100×物镜)

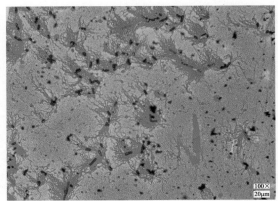

伤寒杆菌(100×物镜)

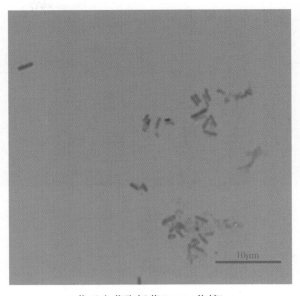

苏云金芽孢杆菌(100×物镜)